"十二五"职业教育国家规划教材

经全国职业教育教材审定委员会审定

自动控制原理及工程实践

主 编 陆锦军 徐 胜

副主编 路桂明 吴丽琴 王 滟

严 惠 邓小龙

U0316494

中国铁道出版社

CHINA RAILWAY PUBLISHING HOUSE

内 容 简 介

本书是"十二五"职业教育国家规划教材,是"自动控制原理与应用"国家精品资源共享课程建设团队为适应高职高专自动化学科不断发展的需求,按照"讲清理论,注重实践"的原则,在总结多年的教学经验和教学改革成果,参考了国内外大量控制理论应用案例的基础上,经反复讨论编写而成的。

全书共分七个单元,前六个单元介绍了自动控制的基本知识、控制系统的数学建模、时域分析、根轨迹分析、频域分析以及系统的校正等内容。单元七精心挑选了自动控制原理在工程实践中的应用案例,介绍了应用自动控制原理分析、设计直流调速系统。本书在附录中提供了常见的无源及有源校正网络和拉普拉斯变换以供读者查用。

本书适合作为高等职业院校自动化类专业学生的教材,也可作为爱好者的自学用书。

图书在版编目(CIP)数据

自动控制原理及工程实践 / 陆锦军,徐胜主编. —
北京:中国铁道出版社,2015.11
"十二五"职业教育国家规划教材
ISBN 978-7-113-17632-7

Ⅰ. ①自… Ⅱ. ①陆… ②徐… Ⅲ. ①自动控制理论
—高等职业教育—教材 Ⅳ. ①TP13

中国版本图书馆CIP数据核字(2015)第105056号

书 名:自动控制原理及工程实践
作 者:陆锦军 徐 胜 主编

策 划:王春霞 读者热线:010-63550836
责任编辑:王春霞 鲍 闻
封面设计:付 巍
封面制作:白 雪
责任校对:汤淑梅
责任印制:李 佳

出版发行:中国铁道出版社(100054,北京市西城区右安门西街8号)
网 址:http://www.51eds.com
印 刷:北京明恒达印务有限公司
版 次:2015年11月第1版 2015年11月第1次印刷
开 本:787mm×1092mm 1/16 印张:11.5 字数:277千
印 数:1~3 000册
书 号:ISBN 978-7-113-17632-7
定 价:37.00元

本书是"十二五"职业教育国家规划教材，是"自动控制原理与应用"国家精品资源共享课程建设团队为适应高职高专自动化学科不断发展的需求，按照"讲清理论，注重实践"的原则，总结了多年的教学经验和教学改革成果，参考了国内外大量控制理论应用案例，经反复讨论编写而成的。

在编写本书的过程中，编者打破了传统的自动控制原理的学习模式，针对高职高专学生的人才培养特点，在每个单元前面设置了学习目标、知识重点和知识难点，学生可按照单元结构图进行系统的学习。每个单元按照学生的认知逻辑，精心构思编写过程，按照"布置学习任务→任务导入→相关知识点→任务分析与实施→小结→思考与练习"的方式进行编写设计，使学生带着问题由浅入深地学习和掌握这些知识点，并利用所学的知识解决问题，边思考、边学习、边练习，步步深入，使学生逐渐掌握自动控制原理的控制规律，并能够学会使用控制规律来解决实际的问题，提高学生掌握知识的水平和解决问题的能力。

本书共分七个单元，前六个单元介绍了自动控制的基本知识、控制系统的数学建模、时域分析、根轨迹分析、频域分析，以及系统的校正等内容和方法。单元七精心挑选了自动控制原理在工程实践中的应用案例，介绍了应用自动控制原理分析设计直流调速系统，其中包括开环直流调速系统、转速闭环（负反馈）调速系统、转速电流双闭环调速系统等性能分析和调节器的设计方法。本书在附录中提供了常见的无源及有源校正网络和拉普拉斯变换以供读者查用。为便于读者理解，本书使用了国际自动控制界流行的 MATLAB、Simulink 对自控控制原理进行计算机辅助分析与设计，即使没有接触过 MATLAB、Simulink 的读者，也能通过本单元内容的学习，轻松掌握 MATLAB 和 Simulink 的使用方法。MATLAB和 Simulink 仿真方法，将经典理论与现代技术结合起来，使课程更符合国内外自动化发展的趋势。

本书由江苏信息职业技术学院陆锦军教授和南通职业大学徐胜副教授共同担任主编，并负责全书的统稿工作。路桂明、吴丽琴、王滟、严惠、邓小龙任副主编。具体编写分工如下：单元一、单元二、单元五、单元六和单元七由南通职业大学徐胜、吴丽琴、王滟、路桂明老师编写，单元三、单元四由江苏信息职业技术学院严惠、邓小龙老师编写。南通文龙科技发展有限公司龚卫东高级工程师为本书的编写提供了部分项目案例。另外，本书在编写过程中借鉴了同行现行教材的宝贵经验和大量的网络素材，在此谨向这些作者表示诚挚的感谢！

由于编写时间仓促，加之水平有限，书中难免存在不妥之处，希望使用本书的教师和同学及其他广大的读者积极提出宝贵意见，以便今后不断改进。

编　者

2015 年 6 月

CONTENTS　目　录

目　录　CONTENTS

单元一

自动控制系统认知

学习目标

（1）了解自动控制理论的发展过程。

（2）会分析自动控制系统的组成，确定控制系统的被控对象、被控量和给定量。

（3）能根据系统的工作原理图画出系统组成框图。

（4）熟悉自动控制系统的分类及其特点。

知识重点

（1）分析实际自动控制系统的工作原理和确定控制系统组成部分。

（2）掌握系统的组成框图的绘制方法。

（3）正确理解和掌握负反馈控制原理。

知识难点

（1）能够根据实际系统的工作原理图绘制出系统的框图。

（2）能够理解对控制系统的基本要求。

建议学时

4学时。

单元结构图

单元一　自动控制系统认知 ┤
- 任务一　自动控制理论发展阶段
- 任务二　认识控制系统的组成
- 任务三　控制系统的基本要求

任务一　自动控制理论发展阶段

一、任务导入

控制论（Cybernetics），来自希腊语，原意为掌舵术，包含了调节、操纵、管理、指挥、监督等多方面的含义。因此"控制"这一概念本身即反映了人们对征服自然的渴望，也是人们在认识自然与改造自然的历史中发展起来。

自动控制理论主要是以定量的方式研究如何设计有效的反馈规律，从而使受控的动态系统达到所期望的目标的一门科学，它是自动化技术的重要基础。根据自动控制理论的理论基础及所能解决问题的难易程度，我们把自动控制理论的发展大体分为三个不同的阶段，分别是：经典控制理论阶段、现代控制理论阶段、大系统理论与智能控制理论阶段。这种阶段性的发展过程是由简单到复杂、由量变到质变的辩证发展过程。那么，这三个阶段的标志性特征是什么？各个阶段发展递进是如何体现的呢？异同点是什么？这就是本任务需要解决的问题。

二、相关知识点

1. 经典控制理论阶段

经典控制理论即古典控制理论，20世纪50年代之前的控制理论应用都属于这个范畴。早在两千年前中国就有了自动控制技术的萌芽。例如，两千年前我国发明的指南车（见图1.1），就是一种开环自动调节系统。

到17、18世纪，自动控制技术逐渐应用到现代工业中。1788年，英国人瓦特（J. Watt）在他改良的蒸汽机上使用了离心调速器（见图1.2），解决了蒸汽机的速度控制问题，引起了人们对控制技术的重视。

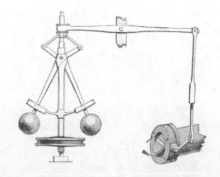

图1.1　指南车模型　　　　　　　　　　图1.2　离心调速器模型

此后，英国数学家劳斯（E.J. Routh）和德国数学家胡尔维茨（A. Hurwitz）分别在1877年和1895年各自提出了直接根据代数方程的系数判别系统稳定性的准则，两个著名的稳定性判据——劳斯判据和胡尔维茨判据，奠定了经典控制理论中时域分析法的基础。

1932年美国物理学家奈奎斯特（H. Nyquist）提出了频域内研究系统的频率响应法，建立了以频率特性为基础的稳定性判据，随后，伯德（H.W. Bode）和尼科尔斯（N.B. Nichols）在20世纪30年代末和20世纪40年代初进一步将频率响应法加以发展，形成了经典控制理论的频域分析法。1948年，美国科学家伊万斯（W.R. Evans）创立了根轨迹分析方法，为分析系统性能随系统参数变化的规律性提供了有力工具，被广泛应用于反馈控制系统的分析、设计中。

1947 年美国数学家维纳（N. Weiner）把控制论引起的自动化同第二次产业革命联系起来，并与 1948 年出版了《控制论——关于在动物和机器中控制与通信的科学》。书中论述了控制理论的一般方法，推广了反馈的概念，为控制理论这门学科奠定了基础。我国著名科学家钱学森将控制理论应用于工程实践，并与 1954 年出版了《工程控制论》。

到 20 世纪 50 年代，经典控制理论发展到相当成熟的地步，形成了相对完整的理论体系。经典控制理论主要研究对象是单输入、单输出系统，系统的数学模型是传递函数，其分析和综合方法主要包括时域分析法、根轨迹法和频率特性法。

2．现代控制理论阶段

现代控制理论是在 20 世纪 50 年代中期迅速兴起的空间技术的推动下发展起来的。空间技术的发展迫切要求建立新的控制原理，以解决诸如把宇宙火箭和人造卫星用最少燃料或最短时间准确地发射到预定轨道一类的控制问题。这类控制问题十分复杂，采用经典控制理论难以解决。1958 年，苏联科学家 Л.С.庞特里亚金提出了名为极大值原理的综合控制系统的新方法。在这之前，美国学者 R. 贝尔曼于 1954 年创立了动态规划，并在 1956 年应用于控制过程。他们的研究成果解决了空间技术中出现的复杂控制问题，并开拓了控制理论中最优控制理论这一新的领域。1960—1961 年，美国学者 R.E. 卡尔曼和 R.S. 布什建立了卡尔曼－布什滤波理论，因而有可能有效地考虑控制问题中所存在的随机噪声的影响，把控制理论的研究范围扩大，包括了更为复杂的控制问题。几乎在同一时期内，贝尔曼、卡尔曼等人把状态空间法系统地引入控制理论中。状态空间法对揭示和认识控制系统的许多重要特性具有关键的作用，其中能控性和能观测性尤为重要，成为控制理论两个最基本的概念。到 60 年代初，一套以状态空间法、极大值原理、动态规划、卡尔曼－布什滤波为基础的分析和设计控制系统的新的原理和方法已经确立，这标志着现代控制理论的形成。

现代控制理论的研究方法主要是状态空间分析法，它的数学模型为状态方程。控制对象可以是单输入单输出控制系统，也可以是多输入多输出控制系统；可以是线性定常控制系统，也可以是非线性时变控制系统；可以是连续控制系统，也可以是离散和（或）数字控制系统。因此，现代控制理论的应用范围更加广泛。主要的控制思路有极点配置、状态反馈、输出反馈的方法等。由于现代控制理论的分析与设计方法的精确性，因此，现代控制可以得到最优控制。但这些控制策略大多是建立在已知系统的基础之上的。严格来说，大部分的控制系统是一个完全未知或部分未知的系统，这里包括系统本身参数未知、系统状态未知两个方面，同时被控制对象还受外界干扰、环境变化等因素影响。

3．大系统理论与智能控制理论阶段

控制理论发展至今已有 100 多年的历史，经历了"经典控制理论"和"现代控制理论"的发展阶段，随着生产的发展和科学技术的进步，出现了许多大系统，例如电力系统、城市交通网、数字通信网、柔性制造系统、生态系统、水资源系统、社会经济系统等。这类系统的特点是规模庞大，结构复杂，而且地理位置分散，因此造成系统内部各部分之间通信困难，提高了通信的成本，降低了系统的可靠性。原有的控制理论，不论是经典控制理论，还是现代控制理论，都是建立在集中控制的基础上，即认为整个系统的信息能集中到某一点，经过处理，再向系统各部分发出控制信号。这种理论应用到大系统时遇到了困难。这不仅由于系统庞大，信息难以集中，也由于系统过于复杂，集中处理的信息量太大，控制对象及其环境、目标和任务的不确定性和复杂性。因此，需要有一种新的理论，用以弥补原有控制理论的不足。

大系统有两种常见的结构形式：①多层结构。这种结构是把一个大系统按功能分为多层次，其中底层为调节器，它直接对被控对象施加控制作用。②多级结构。这种结构是在对分散的子系统实行局部控制的基础上再加一个协调级，去解决子系统之间的控制作用不协调问题。关于大系统分析和设计的理论，包括大系统的建模、模型降阶、递阶控制、分散控制和稳定性等内容。大系统一般是指规模庞大、结构复杂（环节较多、层次较多或关系复杂）、目标多样、影响因素众多，且常带有随机性的系统。这类系统不能采用常规的建模方法、控制方法和优化方法来进行分析和设计，因为常规方法无法通过合理的计算工作量得到满意的解答。大系统理论包括了递阶控制理论、分散控制理论等。

智能控制是研究与模拟人类智能活动及其控制与信息传递过程的规律，研制具有仿人智能的工程控制与信息处理系统的一个新兴分支学科。它是针对控制对象及其环境、目标和任务的不确定性和复杂性而产生和发展起来的，用计算机模拟人类智能进行控制的研究领域。1965年，傅京孙首先提出把人工智能的启发式推理规则用于学习控制系统。1985年，在美国首次召开了智能控制学术讨论会。1987年又在美国召开了智能控制的首届国际学术会议，标志着智能控制作为一个新的学科分支得到承认。智能控制具有交叉学科和定量与定性相结合的分析方法和特点。

智能控制与传统的或常规的控制有密切的关系，不是相互排斥的。常规控制往往包含在智能控制之中，智能控制也利用常规控制的方法来解决"低级"的控制问题，力图扩充常规控制方法并建立一系列新的理论与方法来解决更具有挑战性的复杂控制问题。

三、任务分析与实施

训练任务①

应用上面所学的知识，来回答"任务导入"中提出的问题，分析自动控制理论发展的三个阶段之间的异同。

分析与实施

根据本任务所讲授内容，自动控制理论发展的三阶段比较如表1.1所示。

表1.1 各阶段理论比较

理 论	经典控制理论	现代控制理论	大系统理论
对 象	单输入－单输出线性定常系统	线性与非线性、定常与时变、单变与多变量、连续与离散系统	规模庞大、结构复杂、变量众多、关联严重、信息不完备的信息系统
方 法	频域法	时域矩阵法	时域法
数学工具	拉普拉斯变换	矩阵与向量空间理论	控制论、运筹学
数学模型	传递函数	状态方程与输出方程	子系统
基本内容	时域法、频域法、根轨迹法、描述函数法、相平面法、代数与几何稳定判据、校正网络设计、z变换法	线性系统基础理论（包括系统的数学模型、运动的分析、稳定性的分析、能控性与能观测性、状态反馈与观测器）、系统辨识、最优控制、自适应控制、最优滤波及鲁棒控制	多级递阶控制，分解－协调原理、分散最优控制、大系统模型降阶理路

续表

理 论	经典控制理论	现代控制理论	大系统理论
主要问题	稳定性问题	最优化问题	系统的最优化
控制装置	无源与有源 RC 网络	数字计算机	数字计算机
着眼点	输出	状态方程与输出方程	大系统的最优化
评 价	具体情况具体分析，适宜处理较简单系统的控制问题	具有优越性，更适合处理复杂系统的控制问题	应用控制和管理的思路，适用于多学科交叉综合的研究控制领域

任务二　认识控制系统的组成

一、任务导入

水位控制系统（见图1.3）广泛应用于工业锅炉、水池、水箱，以及石油化工、造纸、污水处理等行业开口或密闭储罐，被控制的介质可分水、油、酸、碱、工业污水等各种导电及非导电液体。本任务要求学习者能够分析该系统各组成部件及作用，分析系统的工作原理；比较水位自动控制系统和人工控制系统的区别，能够建立水池水位系统的框图；判断系统的控制类型。

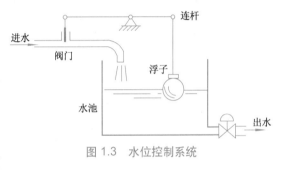

图 1.3　水位控制系统

二、相关知识点

1. 控制的基本概念

控制：对对象施加某种操作使其产生所期望的行为。

自动控制：在无人直接参与的情况下，利用外加的设备或装置（称为控制装置或控制器），使机器、设备或生产过程（统称被控对象）的某个工作状态或参数（即被控量）自动地按预定规律或数值运行。

例如：数控机床的刀具按照预定程序自动地切削工件；化学反应炉的温度或压力自动地维持恒定；无人驾驶飞机按照既定的轨道驾驶或飞行。

自动控制系统：指在无人直接参与下可使生产过程或其他过程按期望规律或预定程序进行的控制系统的整体。简称自控系统。

2. 自动控制系统的组成

自动控制系统主要由控制机构、执行机构、被控对象和测量变送四个环节组成，如图1.4所示。

给定环节：给出与期望的输出相对应的系统输入量。

控制机构：指用来操控被控对象的设备，通常包括比较环节、放大环节和执行机构。

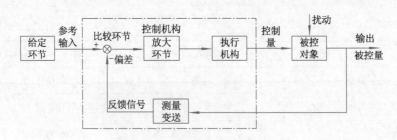

图 1.4　自动控制系统的组成

执行机构：其职能是直接推动被控对象，使其被控量发生变化。常见的执行机构有阀门、伺服电动机等。

比较环节：其作用是把测量元件检测到的实际输出值与给定环节给出的输入值进行比较，求出它们之间的偏差。常用的电量比较元件有差分放大器、电桥电路等。

测量变送：用来检测被控量的输出实际值，并把输出实际值转变成能与给定输入信号进行比较的物理量，这个过程称为反馈。所以，测量变送环节一般也称为反馈环节，使输入信号增强称为正反馈，使输入信号减弱称为负反馈。

被控对象：通常是一个设备、物体或过程（一般称被控制的运行状态为过程），其作用是完成一种特定的操作。它是控制系统所控制和操纵的对象。

另外，自动控制系统中的还有几个重要的信号：

输入量：是人为给定的，使系统具有预定性能或预定输出的期望信号，可以是电量或者非电量。它代表输出量的期望值。故又称为给定输入、参考输入量、给定值、期望输出等。

被控量：指被控对象所要求自动控制的量。通常，被控量是自动控制系统的输出量，它通常是决定被控对象工作状态的重要变量。例如，火箭、导弹、飞船的方向、速度等参数，电动机的转速，发电机的电压、频率等，是控制系统的输出，是一种被测量和被控制的量值或状态。

输出量：指被控对象的被控量的实际输出，是输出端出现的量，可以是电量或者非电量。

控制量：控制量也称操纵量，是一种由控制器改变的量值或状态，它将影响被控量的值。控制意味着对被控对象的被控量的值进行调节，以修正或限制测量被控量值对期望值的偏离。

反馈量：经测量变送环节或不经测量变送环节直接送到输入端比较的变量称为反馈量。

偏差量：给定输入量与主反馈量之差。

误差：是指系统输出量的实际值与期望值之差。系统期望值是理想化系统的输出，实际上很难达到。

扰动：除控制量以外，引起被控量发生变化的所有信号，如果扰动产生在系统的内部，称为内部扰动；反之，当扰动产生在系统的外部时，则称为外部扰动。外部扰动也被认为是控制系统的一种输入量。

由此可见，要了解一个实际控制系统的组成，要画出控制系统的组成框图，就必须明确一下问题：

（1）系统工作的原理是什么？哪个是控制装置？被控对象是什么？影响被控量的主要扰动是什么？

（2）哪个是执行机构？

（3）测量被控量的元件有哪些？有哪些反馈环节？

（4）输入量是由哪个元件给定的？反馈量与给定量是如何进行比较的？

3．自动控制系统的分类

1）按系统性能分类

（1）线性系统：用线性微分方程或线性差分方程描述的系统。满足叠加性和齐次性。

（2）非线性系统：用非线性微分方程或差分方程描述的系统。不满足叠加性和齐次性。

2）按信号类型分类

（1）连续控制系统：系统中各元件的输入量和输出量均为时间 t 的连续函数。

（2）离散控制系统：系统中某一处或几处的信号是以脉冲系列或数码的形式传递的系统。计算机控制系统就是典型的离散系统。

3）按给定信号分类

（1）恒值控制系统：给定值不变，要求系统输出量以一定的精度接近给定期望值的系统。如生产过程中的温度、压力、流量、液位高度、电动机转速等自动控制系统属于恒值系统。此系统也是闭环控制系统。

（2）随动控制系统：给定值按未知时间函数变化，要求输出跟随给定值的变化，如跟随卫星的雷达天线系统。此系统也是闭环控制系统。

（3）程序控制系统：给定值按一定时间函数变化，如数控机床、全自动洗衣机等。此系统可以是开环控制系统，也可以是闭环控制系统。

4）按系统的结构分类

（1）开环控制系统：控制器（包括放大环节和执行机构）与被控对象之间只有顺向作用而无反向联系时的控制方式，输出量和输入量之间没有反馈通道，如图1.5所示。

特点：

① 系统的输出量对输入量无任何影响。

② 对干扰和参数变化无补偿作用，控制精度完全取决于元件精度，抗干扰能力差。

③ 对控制精度不高或干扰较小的场合还有一定的应用价值。例如：打印机、微波炉、电风扇等的控制。

（2）闭环控制系统：控制器（通常包括比较环节、放大环节和执行机构）与被控对象之间，不但有顺向作用，而且具有反向联系，即输出量对控制过程有影响，具有反馈环节的控制系统称为闭环控制系统或反馈控制系统。根据反馈性质（正或负），对应着正反馈系统与负反馈系统，正反馈系统是不能稳定工作的。在本书中，主要研究负反馈系统。图1.6为带负反馈的闭环控制系统框图。

图1.5　开环控制系统　　　　　图1.6　负反馈闭环控制系统框图

框图说明：

① 用"–"代表反馈信号极性为负，其余为正，表示正信号的"+"可省略。

② 用"○或者⊗"代表比较装置。

③ 信号沿箭头方向从输入端到达输出端的传输通路称为前向通路；系统输出量经反馈环节到输入端的传输通路称为反馈通路；前向通路和反馈通路共同构成主回路。

④ 此外，有的复杂系统还有其他前向通路和局部反馈通路以及由它构成的回路。

三、任务分析与实施

训练任务②

水位控制系统的任务是设法保持水箱中的水位不变，因此，系统的被控量是水位高度，系统的被控对象就是水池。当水位在给定位置且流入、流出量相等时，它处于平衡状态。当流出量发生变化或水位给定值发生变化时，就需要对流入量进行必要的控制，使水池中的水位保持不变。

分析与实施

实现控制有两种方法：一种是由人直接操作，称为人工控制；另一种是无须人的直接参与，利用控制装置自动执行，称为自动控制。

1）人工控制

图 1.7（a）是水位人工控制系统原理图。操作人员用肉眼观测实际水位情况，将此信息（反馈信号）传递给大脑，大脑经过思考，分析实际水位与期望水位的偏差，并根据经验做出决策，确定进水阀门的调节方向与幅度，发出调节阀门的指令，手按此指令操作进水阀门，改变给水量，最终使水位保持在期望的数值上。只要水位偏离了期望值，工人便要重复上述调节过程。由于这种控制是在人的直接参与下完成的，操作人员为整个控制系统的一部分，完成控制功能，所以称为人工控制。在此过程中人起了"观测、比较、执行"的作用，使这个问题得到了解决。因此，只要设计的控制装置能自动地完成上述三项工作，就可以实现自动控制。水位人工控制系统中的控制任务、被控对象、被控量及人的作用如下：

控制任务：确保水池里面的水位保持在要求水位。

被控对象：水池。

被控量：水池水位。

人的作用：

$$
人的作用
\begin{cases}
用眼观察实际水位（通过标尺）——检测 \\
大脑思考——比较，将实际水位和期望水位比较 \\
手动调节——执行，减小或消除偏差
\end{cases}
$$

根据上述描述画出控制系统的框图 [图 1.7（b）]。

2）自动控制

虽然人工控制在一定条件下能满足要求，但是劳动强度大，工作单调，操作者易疲劳，容易发生差错。如果能找到一个控制器代替人的职能，那么人工控制系统就可以变成自动控制系统。

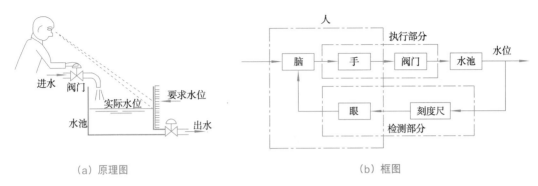

（a）原理图   （b）框图

图 1.7   水位人工控制系统

图 1.8（a）所示是水池水位自动控制系统的一种简单形式。水池是被控对象，池中水位是被控量，浮子代替人的眼睛，用来测量水位的实际高度，是检测机构；另用一套杠杆机构代替人的大脑和手的功能，用来进行比较、计算误差并实施控制，是比较、控制机构。杠杆的一端由浮子带动，另一端则连向进水阀门，水阀是执行机构。当用水量增大时，水位开始下降，浮子也随之降低，通过杠杆的作用将进水阀门开大，进水量增加，使水位回到期望值附近。反之，若用水量变小，水位及浮子上升，进水阀关小，水位自动下降到期望值附近。在整个过程中无须人工直接参与，控制过程是自动进行的。实际水位是输出量，期望水位是输入量，事先通过调节杠杆而设定。图 1.8（b）是该系统的框图。

上面，以水位控制系统为例，说明了对水池水位进行自动控制的基本原理，基于这种原理，如果控制系统能够自动测量被控量的实际值，并将实际值与期望值进行比较，能够根据比较结果产生控制作用，这样就完成了对被控量的自动控制。自动控制的过程是一个检测偏差、纠正偏差的过程。

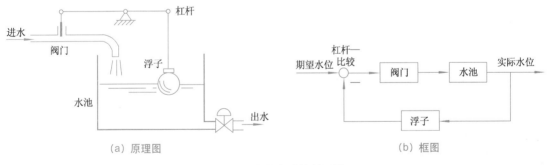

（a）原理图   （b）框图

图 1.8   水位自动控制系统

任务三   控制系统的基本要求

一、任务导入

日常生活中我们会接触到各类控制系统，比如日常的生活中的空调系统，我们在两个同样大小的 A、B 房间中安装两种不同空调 K_1、K_2，假设房间 A、B 当前温度都是 18℃，我们设定房间期望温度为 26℃，两台空调开始工作。K_1 经过 10min 后，房间温度达到 25.6℃，K_1 压缩机停止工作。K_2 经过 12min 后，房间达到温度 26.2℃，K_2 压缩机停止工作。那么，怎样来评价这两个系统呢？这两个系统各有什么优劣呢？下面介绍衡量控制系统性能的指标。

二、相关知识点

自动控制系统的基本要求如下：

1）稳定性

稳定性是保证系统正常工作的先决条件，一个稳定的系统，若系统有扰动或给定输入作用发生变化，其被控量偏离期望值而产生的偏差应随时间的增长而衰减，回到（或接近）原来的稳定值，或跟踪变化了的输入信号。这是对控制系统提出的最基本要求。

如图 1.9 所示，在 t_1 时刻系统中有扰动加入，系统输出产生振荡如果通过系统的调节作用，这种振荡随着时间的推移而逐渐减小乃至消失，则称该系统是稳定的；如图 1.10 所示，如果这种振荡是发散的或等幅的，则称系统为不稳定的或临界稳定的，不稳定的控制系统是不能正常工作的。

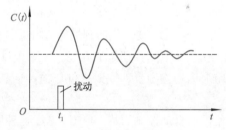

图 1.9　衰减振荡过渡过程

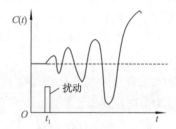

图 1.10　发散振荡过渡过程

对于一般的控制系统，在某个输入信号作用下，其输出响应由两个部分组成，可表示为

$$c(t)=c_0+c_t$$

c_0 是稳态分量，由系统初始条件和输入信号决定；c_t 是暂态分量，由系统结构决定。

对稳定的系统，应有

$$\lim_{t \to \infty} c(t) = c_0 \text{ 或 } \lim_{t \to \infty} c_t = 0$$

对不稳定的系统，应有

$$\lim_{t \to \infty} c(t) = \infty \text{（发散）；} \lim_{t \to \infty} c(t) = \text{常数（等幅振荡）}$$

2）准确性

理想状态下，当系统调节过程结束后，被控量达到的稳态值（即平衡状态）应与期望值一致。但实际上，由于系统结构、外作用形式以及摩擦、间隙等非线性因素的影响，被控量的稳态值和期望值之间会有误差存在，这种误差叫稳态，误差（用 e_{ss} 来表示）。系统过渡过程结束进入稳态后表现出来的性能，叫作稳态性能，用稳态误差来衡量，稳态误差是衡量控制系统控制精度的重要标志。

若 $e_{ss}=0$，该系统为无差系统；若 $e_{ss} \neq 0$，该系统为有差系统。

3）快速性

为了很好地完成控制任务，控制系统仅仅满足稳定性的要求是不够的，还必须对其过渡过程的形式和快慢提出要求，一般称为动态性能。

动态性能是描述系统过渡过程表现出来的性能，用平稳性（过渡过程的振荡程度）和快速性（过渡过程的快慢）衡量。衡量指标有：上升时间、峰值时间、调整时间、超调量。

过渡过程的基本特性取决于系统的结构和参数，其基本形态有：

（1）单调上升过程，如图 1.11(a) 所示；

（2）衰减振荡过程，如图 1.11(b) 所示；

（3）等幅振荡过程，如图 1.11(c) 所示；

（4）发散振荡过程，如图 1.11(d) 所示。

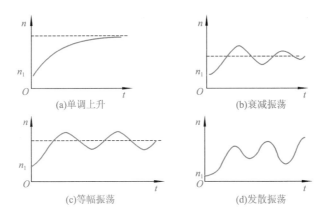

图 1.11　控制系统的过渡过程

综上所述，自动控制系统基本性能可概括为：

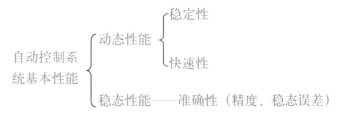

以上分析的稳定性、快速性、准确性三方面的性能指标往往由于被控对象的具体情况而不同，各系统要求也有所侧重，而且同一个系统的稳定性、快速性、准确性的要求是相互制约的。

三、任务分析与实施

训练任务 3

掌握了上面的知识，就可以来分析本任务开始所提出的任务。我们知道，空调系统和房间构成了温度自动控制系统，运用任务一、任务二的知识对系统进行分析。空调是控制装置、房间是被控对象、温度是被控量。

分析与实施

在 A 房间中，房间温度自动控制系统开始的平衡状态为 18℃，然后给定输入变化为 26℃，房间实际温度（18℃）偏离期望值 26℃ 而产生偏差，偏差产生控制量。因为该系统是闭环负反馈系统，所以，系统不断减小偏差，跟踪变化了的输入信号，这个调节过程就是控制系统的过渡过程，10 min 后，压缩机停止工作，过渡过程结束，系统进入新的稳态。由此可见，偏差是随时间衰减的，该系统是稳定的系统。被控量的稳态值和期望值之间的稳态误差：

$$e_{ssA}=26℃-25.6℃=0.4℃$$

同样，在 B 房间中，房间温度自动控制系统也是稳定的控制系统，过渡过程时间为 12min，稳态误差：

$$e_{ssB}=26.2℃-26℃=0.2℃$$

从上面分析可以看出，K_1 系统的调节时间更快，快速性较好；K_2 的控制精度更高，系统稳态性能更好，这两个系统各有优劣。所以，日常在设计或选择控制系统时，要知道用户更关心系统的那些性能，这样才能挑选到合适的系统。

小　　结

（1）自动控制系统主要由两大部分组成：被控对象和控制装置。控制装置有三大职能：计算、测量和执行。

（2）自动控制的基本方式有两种：开环控制和闭环控制。开环控制有给定量作用下的开环控制和干扰量作用下的开环控制两种。

（3）分析控制系统的顺序为：被控对象、被控量、干扰量；测量元件；给定量；控制机构；执行元件。

（4）控制系统的性能要求是稳（稳定）、快（快速）、准（准确）。

思考与练习

1-1　在水位人工控制系统中，人的眼、脑、手三器官分别担负了自动控制系统中的哪几个任务？

1-2　比较开环控制与闭环控制的特征、优缺点和应用场合。

1-3　闭环控制系统由哪些主要环节组成？它们在系统中各自的职能是什么？

1-4　恒值控制系统和随动系统的区别是什么？

1-5　线性控制系统与非线性控制系统的区别是什么？

1-6　图 1.12 为一反应器温度控制系统示意图。A、B 两种物料进入反应器进行反应，通过改变进入夹套的冷却水流量来控制反应器内的温度保持不变。图中 TT 表示温度变送器，TC 表示温度控制器。试完成：（1）画出该温度控制系统的框图；（2）指出该系统中的被控对象、被控变量、操纵变量及可能的干扰。

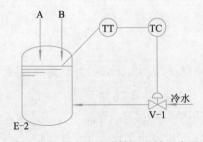

图 1.12　反应器温度控制系统示意图

1-7 图 1.13 是锅炉的压力和液位两个控制系统的示意图。试完成：（1）分别画出这两个控制系统的框图；（2）分别指出这两个控制系统中被控对象、被控变量、操纵变量。

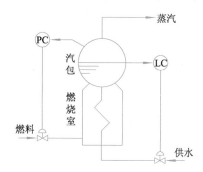

图 1.13　锅炉的压力的液位两个控制系统示意图

单元二

常用控制系统的数学描述

学习目标

(1) 理解控制系统数学模型的基本概念。
(2) 掌握传递函数的概念和求法。
(3) 掌握系统结构图的变换。

知识重点

(1) 建立控制系统的传递函数。
(2) 由各环节的传递函数，求系统的动态结构图。

知识难点

(1) 根据实际系统建立控制系统的传递函数。
(2) 求复杂系统的动态结构图。

建议学时

6～8学时。

单元结构图

单元二 常用控制系统的数学描述	任务一 建立控制系统的时域数学模型
	任务二 建立控制系统的传递函数
	任务三 控制系统典型环节的传递函数及其特性
	任务四 建立自动控制系统的动态结构图

任务一　建立控制系统的时域数学模型

一、任务导入

控制系统的数学模型通常是指该系统输入和输出之间动态关系的数学表达式。它具有与实际系统相似的特性，可采用不同的形式表示出系统的内外部性能特点。我们应用自动控制理论来分析和设计控制系统，首先是把具体的自动控制系统抽象为数学模型；然后，根据自动控制理论所提供的方法分析系统的性能和指标，或对系统进行改进。因此，建立自动控制系统的数学模型是分析和研究系统的基础。

图 2.1 所示的 RLC 串联电路，设输入量为 $u_i(t)$，输出量为 $u_0(t)$，若要分析该系统，必须写出该网络的数学模型，那如何建立系统的数学模型呢？

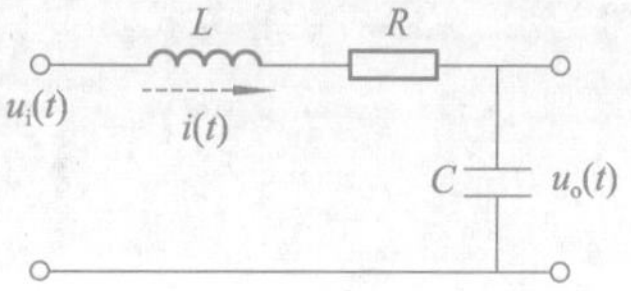

图 2.1　RLC 串联电路

二、相关知识点

1. 控制系统的微分方程

在经典控制理论中，经常采用的数学模型有微分方程、传递函数和动态结构图。它反映了系统被控变量、输入量和中间变量之间的关系。控制系统数学模型的具体形式如图 2.2 所示。

微分方程是用时间 t 为变量的函数来描述系统输入量和输出量之间的关系，适用于单输入、单输出的系统，是经典控制理论最基本的数学模型。微分方程的解就是系统在输入作用下的输出响应。

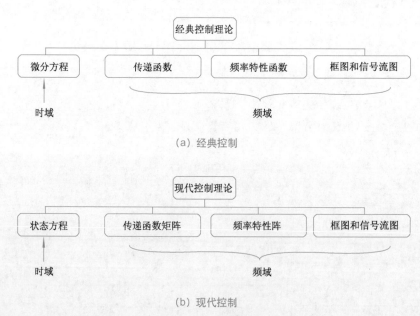

(a) 经典控制

(b) 现代控制

图 2.2　自动控制系统数学模型的具体形式

2. 系统微分方程的建立步骤

当我们面对工程实践中实际系统或被控对象时，控制系统的微分方程是通过有关的物理学、化学定律而建立的。一般来说，建立系统微分方程的步骤如下：

（1）分析系统的工作原理，确定系统的输入变量和输出变量。

（2）从系统的输入端开始，根据支配系统的动态特性的物理（或化学）定律，依次列写系统各部件的动态方程组。

（3）消去中间变量，并将该方程化成标准形式，将输出量的有关项放在方程的左边，而将输入量的有关项放在右边，将各导数项降幂排列，并使有关系数化成具有一定物理意义的系数。

（4）对于由多个环节组成的各类控制系统的微分方程，其建立过程可由原理图画出功能框图，并分别列写各环节的微分方程，再消去中间变量，即可得到描述该系统的输入量和输出量之间的关系。

3．系统微分方程建立举例

下面以控制系统中常见的电气元件、力学元件等构成环节的微分方程的建立为例，说明建立微分方程的过程。

例 2-1 图 2.3 所示为一有源 RC 网络，设电路输入电压为 $u_i(t)$，输出电压 $u_o(t)$。图中 A 为理想运算放大器，试列写其微分方程。

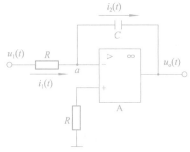

图 2.3　控制系统数学模型的具体形式

解：由于理想运算放大器 A 工作在线性状态，其开环增益很大，根据理想运算放大器"虚地""虚断"的概念得

$$u_a(t) \approx 0$$

$$i_1(t) = i_2(t) \tag{2.1}$$

$$i_1(t) = \frac{u_i(t) - u_a(t)}{R} = \frac{u_i(t)}{R} \tag{2.2}$$

又因

$$i_2(t) = C\frac{d[u_a(t) - u_c(t)]}{dt} = C\frac{d[0 - u_c(t)]}{dt} = -C\frac{du_c(t)}{dt} = \frac{u_i(t)}{R} \tag{2.3}$$

由式 (2.1) 至式 (2.3)，可列出系统微分方程为

$$-RC\frac{du_o(t)}{dt} = u_i(t)$$

可见，该 RC 网络的数学模型为一阶常系数线性微分方程，这是由于该网络中的含有一个储能元件所致。

例 2-2 图 2.4 所示为一个由弹簧、质量为 m 的物体、阻尼器组成的机械系统，若外力 $F(t)$ 作用与质量 m 的物体，其输出量 $y(t)$ 为质量 m 的位移，试写出该系统 $F(t)$ 与 $y(t)$ 之间的关系方程。

解：设初始状态时弹簧不受任何压力或拉力，此时系统处于静止状态，即初始条件为 $y(0)=0$。根据牛顿第二定律

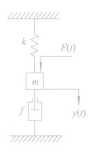

图 2.4　弹簧—质量—阻尼器系统

$$F(t) - F_B(t) - F_k(t) = m\frac{d^2y(t)}{dt^2} \tag{2.4}$$

式中：$F_B(t)$ 为阻尼器的黏性阻力；$F_k(t)$ 为弹簧的弹性力。负号表示弹簧力的方向和位移的方向相反。

又有

$$F_B(t) = f\frac{\mathrm{d}y(t)}{\mathrm{d}t}$$

(2.5)

$$F_k(t) = ky(t)$$

(2.6)

式中：f 为阻尼器的黏性阻力系数；k 为弹簧的劲度系数。

将式 (2.5)、式 (2.6) 代入式 (2.4)，可得微分方程

$$F(t) - f\frac{\mathrm{d}y(t)}{\mathrm{d}t} - ky(t) = m\frac{\mathrm{d}^2 y(t)}{\mathrm{d}t^2}$$

移项，整理得

$$\frac{m}{k}\frac{\mathrm{d}^2 y(t)}{\mathrm{d}t^2} + \frac{f}{k}\frac{\mathrm{d}y(t)}{\mathrm{d}t} + y(t) = \frac{1}{k}F(t)$$

(2.7)

式 (2.7) 描述的弹簧－质量－阻力系统为二阶常系数线性微分方程，此系统是一个二阶系统。

线性微分方程的求解方法，限于篇幅，在此次不再赘述，请读者查阅《高等数学》（同济大学数学系，第六版，高等教育出版社）等相关资料，熟练掌握。

4．非线性微分方程的线性化

严格地说，实际控制系统的某些元件含有一定的非线性特性，而非线性微分方程的求解非常困难。如果某些非线性特性在一定的工作范围内，可以用线性系统模型近似，称为非线性模型的线性化。

工程上常用的方法是将非线性函数在平衡点附近展开成泰勒级数，然后去掉高次项以得到线性函数。该方法是基于如下假设：

（1）系统中的变量在某一额定工作点附近做微小变化。

（2）非线性特性在此工作点可导，也就是曲线光滑。

可以用图 2.5 所示函数 $y=f(x)$ 来说明线性化过程。(x_0, y_0) 为该函数的工作点，将连续变化的非线性函数 $y=f(x)$ 在平衡工作点 (x_0, y_0) 展开为泰勒级数：

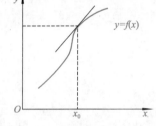

图 2.5　小偏差线性化示意图

$$y = f(x_0) + \frac{\mathrm{d}f(x)}{\mathrm{d}x}\Big|_{x_0}(x - x_0) + \frac{1}{2!}\frac{\mathrm{d}^2 f(x)}{\mathrm{d}x^2}\Big|_{x_0}(x - x_0)^2 + \cdots$$

增量较小时略去其高次幂项，则有

$$y - y_0 = f(x) - f(x_0) = f'(x_0)(x - x_0)$$

令 $\Delta y = y - y_0$，$\Delta x = x - x_0$，K 为 $f(x)$ 在点 (x_0, y_0) 的切线斜率，则上式可以写成

$$\Delta y = K\Delta x$$

将 (x_0, y_0) 作为参考零点，去掉增量符号 Δ，得

$$y = Kx$$

这样，就将非线性函数 $y=f(x)$ 在 (x_0, y_0) 点附近作线性化处理，处理成了线性函数。

例 2-3　图 2.6 所示的单摆运动。根据牛顿运动定律可以直接导出此系统的动态方程为

$Ml\dfrac{\mathrm{d}^2\theta}{\mathrm{d}t^2} + \mu l\dfrac{\mathrm{d}\theta}{\mathrm{d}t} + Mg\sin\theta = 0$，其中 $Mg\sin\theta$ 是非线性项。这是一输入为零，输出量为摆幅的二阶非线性微分方程。当控制系统处在自动调节状态的小摆幅下运行时，可应用小偏差线性化方法将非线性系统线性化。

$$\sin \theta = \sin (\theta_0 + \Delta\theta) = \sin\theta_0 + \cos\theta_0\Delta\theta + \cdots$$
$$\sin \Delta\theta \approx \Delta\theta$$

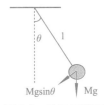

平衡状态为

$$Ml\frac{d^2(\Delta\theta)}{dt^2} + \mu l\frac{d(\Delta\theta)}{dt} + Mg(\Delta\theta) = 0$$

将 θ_0 作为参考零点，去掉增量符号 Δ，得

图 2.6 单摆示意图

$$Ml\frac{d^2\theta}{dt^2} + \mu l\frac{d\theta}{dt} + Mg\theta = 0$$

这样，就将非线性系统的动态方程在 θ_0 点附近作了线性化处理，成为二阶线性微分方程。

三、任务分析与实施

 训练任务①

根据本任务的要求，我们现在应用上面所学知识，来分析怎样建立图 2.1 所示的 RLC 串联电路的微分方程。

分析与实施

根据电路理论中的基尔霍夫定律和元件的电压与电流的关系有

$$u_i(t) = Ri(t) + L\frac{di(t)}{dt} + u_o(t) \tag{2.8}$$

$$u_o(t) = \frac{1}{C}\int i(t)dt \tag{2.9}$$

得到

$$i(t) = C\frac{du_o(t)}{dt} \tag{2.10}$$

$i(t)$ 为流经电阻器 R、电感器 L 及电容器 C 的电流。消去中间变量 $i(t)$，并整理成标准形式，可得

$$LC\frac{d^2u_o(t)}{dt^2} + RC\frac{du_o(t)}{dt} + u_o(t) = u_i(t) \tag{2.11}$$

可见，该数学模型是二阶常系数线性微分方程，该 RLC 网络中含有两个储能元件。

任务二 建立控制系统的传递函数

一、任务导入

建立系统或环节的微分方程，其目的就是为了对系统进行定量的分析。在已知的初始条件下，只要给定输入量，便可以使用数学方法对微分方程求解，得到系统在给定输入激励下的响应。但是，求解微分方程通常是件比较烦琐的事，特别是高阶微分方程的求解。

线性常微分方程经过拉普拉斯变换，即可得到系统在复数域中的数学模型，称之为传递函数。传递函数不仅可以表征系统的动态特性，而且可以用来研究系统的结构或参数变化对性能的影响，从而使分析和设计工作大为简化。在经典控制理论中广泛应用的频域分析法和根轨迹法，都是建立在传递函数基础之上的，其已成为经典控制理论中的应用最广泛的数学模型。

那么，怎么建立控制系统的传递函数呢？怎么求图 2.1 所示的 RLC 串联电路的传递函数呢？

二、相关知识点

1. 传递函数的定义

一般控制系统（或环节）可用 n 阶线性常系数微分方程描述，常写成

$$a_n \frac{\mathrm{d}^n c(t)}{\mathrm{d}t^n} + a_{n-1} \frac{\mathrm{d}^{n-1} c(t)}{\mathrm{d}t^{n-1}} + \cdots + a_1 \frac{\mathrm{d}c(t)}{\mathrm{d}t} + a_0 c(t)$$

$$= b_m \frac{\mathrm{d}^m r(t)}{\mathrm{d}t^m} + b_{m-1} \frac{\mathrm{d}^{m-1} r(t)}{\mathrm{d}t^{m-1}} + \cdots + b_1 \frac{\mathrm{d}r(t)}{\mathrm{d}t} + b_0 c(t) \quad (n>m) \tag{2.12}$$

式中：$c(t)$ 为系统的输出量；$r(t)$ 为系统的输入量；$a_i(i=0,1,\cdots,n)$；$b_j(j=0,1,\cdots,m)$ 为系统的常系数。

若系统初始条件为零，即 $r(t)$ 和 $c(t)$ 及其各阶导数在 $t=0$ 时均为零，则对式（2.12）两边进行拉普拉斯变换，可得

$$(a_n s^n + a_{n-1} s^{n-1} + \cdots + a_1 s + a_0) C(s) = (b_m s^m + b_{m-1} s^{m-1} + \cdots + b_1 s + b_0) R(s)$$

则

$$G(s) = \frac{C(s)}{R(s)} = \frac{b_m s^m + b_{m-1} s^{m-1} + \cdots + b_1 s + b_0}{a_n s^n + a_{n-1} s^{n-1} + \cdots + a_1 s + a_0} \quad (n>m) \tag{2.13}$$

$G(s)$ 称为该系统（或环节）的传递函数。

式（2.13）中：$a_n s^n + a_{n-1} s^{n-1} + \cdots + a_1 s + a_0$ 为分母多项式；$b_m s^m + b_{m-1} s^{m-1} + \cdots + b_1 s + b_0$ 为分子多项式。一个实际的即物理上可实现的线性系统，其传递函数是严格真有理函数，即 $n>m$。

令传递函数的分母多项式为零，即 $a_n s^n + a_{n-1} s^{n-1} + \cdots + a_1 s + a_0 = 0$ 的方程，称为该系统的特征方程，它反映了系统的动态响应的性质。若特征方程为 n 阶时，则传递函数也为 n 阶，称该系统为 n 阶系统。

由上述可知，控制系统（或环节）的传递函数，就是在零初始条件下，系统（或环节）的输出量 $c(t)$ 的拉普拉斯变换 $C(s)$ 与输入量 $r(t)$ 的拉普拉斯变换 $R(s)$ 之比，记作

$$G(s) = \left. \frac{C(s)}{R(s)} \right|_{\text{零初始条件}} \tag{2.14}$$

式（2.14）也可理解为系统（或环节）的输入量 $R(s)$，经过系统（或环节）的传递函数 $G(s)$ 的传递后，得到输出量 $C(s)$。如图 2.7 所示，功能框内是传递函数 $G(s)$。箭头表示了信号的传递方向，可得

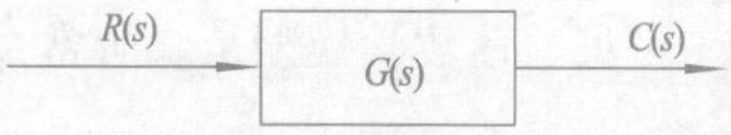

图 2.7　传递函数的框图

$$C(s)=G(s)R(s) \tag{2.15}$$

可以将式（2.13）写成

$$\frac{C(s)}{R(s)} = \frac{b_0}{a_0} \cdot \frac{\dfrac{b_m}{b_0} s^m + \dfrac{b_{m-1}}{b_0} s^{m-1} + \cdots + \dfrac{b_1}{b_0} s + 1}{\dfrac{a_n}{a_0} s^n + \dfrac{a_{n-1}}{a_0} s^{n-1} + \cdots + \dfrac{a_1}{a_0} s + 1} = K \frac{\dfrac{b_m}{b_0} s^m + \dfrac{b_{m-1}}{b_0} s^{m-1} + \cdots + \dfrac{b_1}{b_0} s + 1}{\dfrac{a_n}{a_0} s^n + \dfrac{a_{n-1}}{a_0} s^{n-1} + \cdots + \dfrac{a_1}{a_0} s + 1} \tag{2.16}$$

把式 (2.15) 称为"尾 1 型"，分子、分母的常数都为"1"，把 K 称为系统增益，

$$K = \frac{\lim\limits_{t\to\infty} c(t)}{\lim\limits_{t\to\infty} r(t)} = \frac{\lim\limits_{s\to 0} sC(s)}{\lim\limits_{s\to 0} sR(s)} = \lim\limits_{s\to 0} \frac{C(s)}{R(s)} = \lim\limits_{s\to 0} \frac{b_0}{a_0} \cdot \frac{\dfrac{b_m}{b_0}s^m + \dfrac{b_{m-1}}{b_0}s^{m-1} + \cdots + \dfrac{b_1}{b_0}s + 1}{\dfrac{a_n}{a_0}s^n + \dfrac{a_{n-1}}{a_0}s^{n-1} + \cdots + \dfrac{a_1}{a_0}s + 1} = \frac{b_0}{a_0}$$

还可以将式（2.13）写成

$$\frac{C(s)}{R(s)} = \frac{b_m}{a_n} \cdot \frac{s^m + \dfrac{b_{m-1}}{b_m}s^{m-1} + \cdots + \dfrac{b_1}{b_m}s + \dfrac{b_0}{b_m}}{s^n + \dfrac{a_{n-1}}{a_n}s^{n-1} + \cdots + \dfrac{a_1}{a_n}s + \dfrac{a_0}{a_n}} = K^* \frac{s^m + \dfrac{b_{m-1}}{b_m}s^{m-1} + \cdots + \dfrac{b_1}{b_m}s + \dfrac{b_0}{b_m}}{s^n + \dfrac{a_{n-1}}{a_n}s^{n-1} + \cdots + \dfrac{a_1}{a_n}s + \dfrac{a_0}{a_n}} \tag{2.17}$$

把式 (2.17) 称为"首 1 型"，分子、分母中 s 最高次幂的系数都为"1"。式中，$K^* = \dfrac{b_m}{a_n}$，即系统的根轨迹增益。

2．传递函数的性质

（1）传递函数与微分方程之间的对应关系是唯一的，由于对一个特定的系统，它的系统微分方程是唯一确定的，因此，其传递函数也是唯一的。传递函数与微分方程是同一个系统的两种不同的数学描述方式。微分方程和传递函数之间的关系如下所示。

$$a_n\frac{\mathrm{d}^n C(t)}{\mathrm{d}t^n} + \cdots + a_1\frac{\mathrm{d}C(t)}{\mathrm{d}t} + a_0 C(t) = b_m\frac{\mathrm{d}^m R(t)}{\mathrm{d}t^m} + \cdots + b_1\frac{\mathrm{d}R(t)}{\mathrm{d}t} + b_0 R(t)$$

拉普拉斯变换 拉普拉斯反变换

$$G(s) = \frac{b_m s^m + b_{m-1}s^{m-1} + \cdots + b_1 s + b_0}{a_n s^n + a_{n-1}s^{n-1} + \cdots + a_1 s + a_0}$$

（2）传递函数表征系统和元件本身的特性，而与输出信号等外部因素无关，它反映了系统本身的内在的运动特征，但它不能反映系统或元件的物理结构。也就是说，对于许多物理性质截然不同的系统或元件，它们可以有相同形式的传递函数。

（3）传递函数是关于复变量 s 的一个有理分式，它代表了对应系统的固有特性，称为该系统的复数域数学模型。与时间域模型——微分方程相比，它无明显的物理意义。它可看作一种运算函数。传递函数概念只适用于线性定常系统。拉普拉斯变换是线性变换。

（4）传递函数的零点与极点。将式 (2.22) 的分子与分母进行因式分解，可得

$$G(s) = \frac{b_m(s-z)(s_1-z_2) \bullet \cdots \bullet (s-z_m)}{a_n(s-p)(s_1-p_2) \bullet \cdots \bullet (s-p_n)} = K^* \frac{\prod\limits_{i=1}^{m}(s-z_i)}{\prod\limits_{j=1}^{n}(s-p_j)} \tag{2.18}$$

式中：$z_i(i=0,1,\cdots,m)$——分子多项式等于 0 的根，称为传递函数 $G(s)$ 的零点，共 m 个；

$P_j(j=0,1,\cdots,n)$——分子多项式等于 0 的根，称为传递函数 $G(s)$ 的极点，共 n 个。

零点 z_i 和极点 P_j 可能是实数，也可能是复数，可将该传递函数的零点、极点分别用"○"和"×"在复平面 s 上表示出来，如图 2.8 所示。

在单元四——自动控制系统的根轨迹法中，我们将运用控制系统开环传递函数 $G(s)$ 的零、极点的分布，去研究闭环系统的动态性能。

例 2-4　$G(s) = \dfrac{C(s)}{R(s)} = \dfrac{K(s+1)}{(s+3)(s^2+2s+5)}$，请在图 2.8 中标出零、极点。

解：根据题目中所给传递函数可知，该系统有一个零点 $z_1 = -1$；三个极点：$P_1 = -3$、$P_2 = -1+2j$、$P_3 = -1-2j$。零、极点的复域图表示如图 2.9 所示。

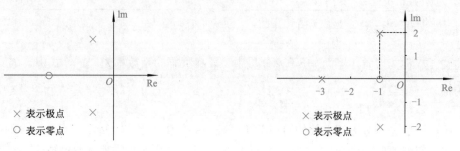

图 2.8　零、极点的表示方法　　　　　　图 2.9　零、极点的位置

三、任务分析与实施

根据本任务的要求，应用上面所学知识，求图 2.1 所示的 RLC 无源网络的传递函数。

分析与实施

根据式 (2.11) 可知：

$$LC\frac{\mathrm{d}^2 u_\mathrm{o}(t)}{\mathrm{d}t^2} + RC\frac{\mathrm{d}u_\mathrm{o}(t)}{\mathrm{d}t} + u_\mathrm{o}(t) = u_\mathrm{i}(t)$$

系统初始条件为零，即 $u_\mathrm{i}(t)$ 和 $u_\mathrm{o}(t)$ 及其各阶导数在 $t=0$ 时均为零，方程两边进行拉普拉斯变换：

$$(LCs^2 + RCs + 1)U_\mathrm{o}(s) = U_\mathrm{i}(s) \tag{2.19}$$

经过整理，得到 RLC 无源网络的传递函数：

$$G(s) = \frac{U_\mathrm{o}(s)}{U_\mathrm{i}(s)} = \frac{1}{LCs^2 + RCs + 1} \tag{2.20}$$

任务三　控制系统典型环节的传递函数及其特性

一、任务导入

我们研究的机电控制系统主要是线性系统，线性系统有一个重要的特点是满足叠加原理，外界有一个输入对系统进行作用，我们要求它的输出，而这个输入是随机的，那我们怎么去求系统的输出呢？任何一个复杂线性系统都是由有限个典型环节组合而成的，所以，我们先研究这些典型环节的传递函数及其特性，然后，运用叠加原理来求解整个系统的传递函数。常用的典型环节有比例环节、积分环节、微分环节、惯性环节、振荡环节和延迟环节等。

带转速负反馈的单闭环电机调速系统在生产中应用非常广泛，系统原理图如图 2.10 所示，该系统的被控对象是直流电动机 M，被控量是电动机的转速 n，那么该系统又是有哪些典型环节组成的？我们该怎么通过典型环节的分析来分析整各系统呢？

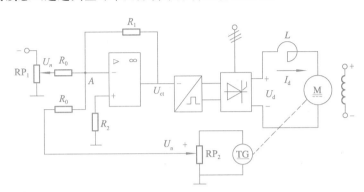

图 2.10　转速负反馈闭环直流调速系统

二、相关知识点

1．比例环节

输出量与输入量成比例的环节称为比例环节。

（1）该环节的微分方程

$$c(t)=Kr(t) \tag{2.21}$$

式中：K 为放大系数。

（2）将式 (2.21) 两边进行拉普拉斯变换，得

$$C(s)=KR(s)$$

因此，比例环节的传递函数 $G(s)$ 为

$$G(s)=\frac{C(s)}{R(s)}=K \tag{2.22}$$

系统的输出和输入成正比。

典型环节除了可以用传递函数表示，还可以用功能框图来表示。功能框图是用带框的图形符号表示的，包含了信号传输的方向，输入信号和输出信号之间的关系。

该环节的功能框图如图 2.11(a) 所示。

（3）比例环节的单位阶跃响应

$$C(s)=G(s)R(s)=K \cdot \frac{1}{s}$$

由此可得

$$c(t)=L^{-1}\big[C(s)\big]=K$$

比例环节的单位阶跃响应曲线如图 2.11(b) 所示。比例环节的特点是，其输出不失真、不延迟，能够成比例地复现输入信号的变化。常见的比例环节有电子放大器电阻器、感应式变送器等。

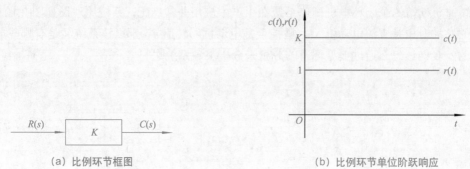

(a) 比例环节框图　　　　　　　　　(b) 比例环节单位阶跃响应

图 2.11　比例环节及响应曲线

2. 积分环节

输出量与输入量对时间的积分成正比的环节称为积分环节。

（1）该环节的微分方程为

$$c(t) = \frac{1}{T} \int r(t) \mathrm{d}t \tag{2.23}$$

式中：T 为积分时间常数。

（2）式（2.23）经拉普拉斯变换，得该环节的传递函数

$$G(s) = \frac{C(s)}{R(s)} = \frac{1}{Ts} \tag{2.24}$$

该环节的功能框图如图 2.12(a) 所示。

（3）积分环节的单位阶跃响应

$$C(s) = G(s)R(s) = \frac{1}{Ts} \cdot \frac{1}{s} = \frac{1}{Ts^2}$$

则

$$c(t) = L^{-1}\left[C(s)\right] = \frac{1}{T}t$$

积分环节的单位阶跃响应曲线如图 2.12(b) 所示。积分环节的特点是：输出量随时间变化而不断增加，凡是输出量对输入量有存储和积累特点的元器件一般都具有积分特性。例如：电容器的电荷量与电流、水箱的水位与水流量等。

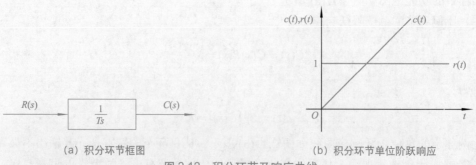

(a) 积分环节框图　　　　　　　　　(b) 积分环节单位阶跃响应

图 2.12　积分环节及响应曲线

3. 微分环节

输出量与输入量的导数成正比的环节称为微分环节。

（1）该环节的微分方程为

$$c(t) = T\frac{\mathrm{d}r(t)}{\mathrm{d}t} \tag{2.25}$$

式中：T 为微分时间常数。

（2）式（2.25）经拉普拉斯变换，得该环节的传递函数为

$$G(s) = \frac{C(s)}{R(s)} = Ts \tag{2.26}$$

该环节的功能框图如图 2.13(a) 所示。

（3）微分环节的单位阶跃响应

$$C(s) = G(s)R(s) = Ts \cdot \frac{1}{s} = T$$

得

$$c(t) = L^{-1}[C(s)] = T\delta(t)$$

式中：$\delta(t)$ 为单位脉冲函数。

微分环节的单位阶跃响应曲线如图 2.13(b) 所示。$c(t)$ 是宽度为零、幅度无穷大的理想脉冲。意味着要有一个能瞬间产生无穷大的能源，装置中不存在任何惯性，显然，实际中不可能实现。

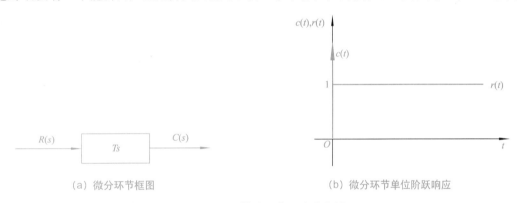

（a）微分环节框图　　　　　　　　　　　（b）微分环节单位阶跃响应

图 2.13　微分环节及响应曲线

实际上微分特性总是含有惯性的，其实际的微分环节的微分方程为

$$T\frac{\mathrm{d}c(t)}{\mathrm{d}t} + c(t) = T\frac{\mathrm{d}r(t)}{\mathrm{d}t}$$

其传递函数为

$$G(s) = \frac{Ts}{1+Ts}$$

则单位阶跃响应为

$$C'(s) = \frac{Ts}{1+Ts} \cdot \frac{1}{s} = \frac{T}{1+Ts}$$

有

$$c'(t) = L^{-1}[C'(s)] = \mathrm{e}^{-\frac{1}{T}} \cdot l(t)$$

微分环节的性质正好与积分环节的性质相反，因此，常见的微分环节可看成是积分环节输出量与输入量的逆过程。

4．惯性环节

含有一个储能元件和一个耗能元件的环节。

（1）其微分方程为

$$T\frac{\mathrm{d}c(t)}{\mathrm{d}t}+c(t)=K\frac{\mathrm{d}r(t)}{\mathrm{d}t} \tag{2.27}$$

式中：T 为时间常数；K 为放大系数。

（2）将式 (2.27) 经拉普拉斯变换，得该环节的传递函数 $G(s)$ 为

$$G(s)=\frac{C(s)}{R(s)}=\frac{K}{Ts+1} \tag{2.28}$$

惯性环节的功能框图如图 2.14(a) 所示。

（3）惯性环节的单位阶跃响应为

$$C(s)=G(s)R(s)=\frac{K}{Ts+1}\cdot\frac{1}{s}$$

则

$$c(t)=L^{-1}\left[C(s)\right]=K(1-\mathrm{e}^{-\frac{t}{T}})$$

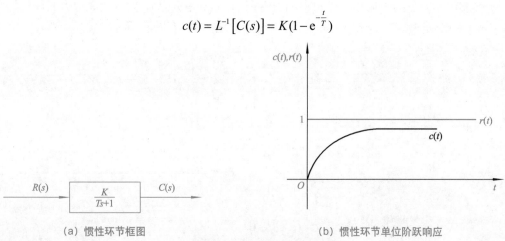

(a) 惯性环节框图   (b) 惯性环节单位阶跃响应

图 2.14　惯性环节及响应曲线

惯性环节的单位阶跃响应曲线如图 2.14(b) 所示。对曲线分析，可得 $c(0)=0$，$c(T)=0.632$，$c(3T)=0.95$，$c(\infty)\to 1$。惯性环节的特点是，其输出量不能瞬时完成与输入量一致的变化，只能随着时间的推移，按指数规律变化。常见的惯性环节有 RC 串联电路、直流电机的励磁电路等。

5．振荡环节

（1）其微分方程为

$$T^2\frac{\mathrm{d}^2c(t)}{\mathrm{d}t^2}+2\xi T\frac{\mathrm{d}c(t)}{\mathrm{d}t}+c(t)=r(t) \tag{2.29}$$

式中：T 为时间常数；ξ 为阻尼比（又称阻尼系数）$(0\leqslant\xi<1)$。

（2）将式 (2.29) 经拉普拉斯变换，得

$$T^2s^2C(s)+2\xi TsC(s)+C(s)=R(s)$$

移项整理，得

$$G(s)=\frac{C(s)}{R\ s}=\frac{1}{T^2s^2+2\xi Ts+1} \tag{2.30}$$

式中：$T=\frac{1}{\omega_n}$，ω_n 为该环节的无阻尼振荡频率（又称自然振荡频率）。

则，式（2.30）可变换为

$$G(s)=\frac{\omega_n^2}{s^2+2\xi\omega_n s+\omega_n^2} \tag{2.31}$$

振荡环节的功能框图如图 2.15(a) 所示。

（3）振荡环节的单位阶跃响应

$$C(s)=\frac{\omega_n^2}{s^2+2\xi\omega_n s+\omega_n^2}\cdot\frac{1}{s}$$

得

$$c(t)=L^{-1}\left[C(s)\right]=1-\frac{1}{\sqrt{1-\xi^2}}\mathrm{e}^{-\xi\omega_n t}\sin(\omega_d t+\varphi)$$

式中：$\omega_d=\omega_n\sqrt{1-\xi^2}$，为实际振荡频率（有阻尼振荡频率）；

$\varphi=\arctan\dfrac{\sqrt{1-\xi^2}}{\xi}$，为输出量与输入量的相移。

其单位阶跃响应曲线如图 2.15(b) 所示。

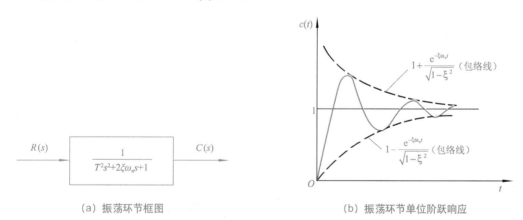

（a）振荡环节框图　　　　　　　（b）振荡环节单位阶跃响应

图 2.15　振荡环节及响应曲线

6．延迟环节（又称纯滞后环节）

（1）其微分方程为

$$c(t)=r(t-\tau) \tag{2.32}$$

式中：τ 为纯延迟时间。

（2）将式 (2.32) 经拉普拉斯变换，得

$$G(s)=\frac{C(s)}{R(s)}=\mathrm{e}^{-\tau s} \tag{2.33}$$

延迟环节的功能框图如图 2.16(a) 所示。

（3）延迟环节的单位阶跃响应曲线如图 2.16(b) 所示。

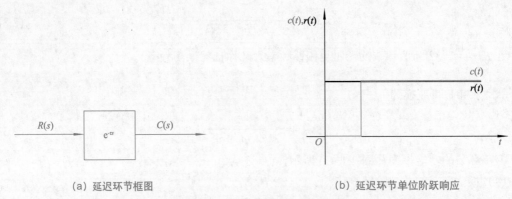

(a) 延迟环节框图　　　　　　　　(b) 延迟环节单位阶跃响应

图 2.16　延迟环节及响应曲线

延迟环节的特点是：输出量能准确复现输入量，但须延迟一固定的时间间隔。管道压力、流量、温度等物理量的控制，其数学模型就包含有延迟环节。

在延迟时间很小的情况下，延迟环节可用一个小惯性环节来代替：

$$G(s) = e^{-\tau s} = \frac{1}{e^{\tau s}} \approx \frac{1}{\tau s + 1}$$

三、任务分析与实施

根据本节任务的要求，我们现在应用上面所学知识，来分析图 2.10 转速负反馈闭环直流调速系统是由哪些典型环节组成。

分析与实施

首先我们来分析一下调速系统的工作过程。在该转速负反馈闭环直流调速系统中，被控量是电动机的转速 n，工作人员通过调节电位器 RP_1 实现对电动机速度的调节。调节电位器 RP_1 来实际上是改变输入电压 U_n^*，U_n^* 和期望的转速存在着对应关系。U_n^* 和测试发电机反馈过来的和当前速度对应 U_n 进行比较，产生偏差 ΔU 由运算放大器进行放大，触发晶闸管触发及整流电路来控制电动机的电枢电压，从而对电动机实现调速。测速发电机 TG 与电位器 RP_2 为转速检测元件，能够把电动机的当前转速转化为所对应的电压。

由图 2.17 可以看出，系统可以分解成以下几个部分。

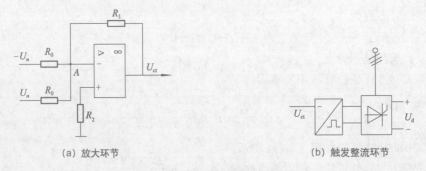

(a) 放大环节　　　　　　　　　　(b) 触发整流环节

图 2.17　直流调速系统的分解

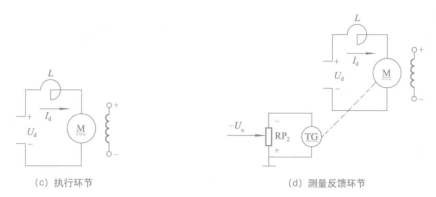

（c）执行环节   （d）测量反馈环节

图 2.17　直流调速系统的分解（续）

1．放大环节

由运算放大器构成比例环节，通过分析可知

$$U_{ct} = -\frac{R_1}{R_0}(-U_n^* + U_n) = \frac{R_1}{R_0}(U_n^* - U_n) = K_p \Delta U，\quad K_p = \frac{R_1}{R_0}$$ 是运算放大器的放大倍数；ΔU 是电

动机的期望转速和当前转速的偏差。该环节的传递函数为

$$\frac{U_{ct}(s)}{\Delta U(s)} = K_p \tag{2.34}$$

2．晶闸管触发和整流装置

通常，我们把晶闸管触发器和整流装置看成一个整体，输入信号是 U_{ct}，输出信号是 U_{do}，不考虑延迟因素，U_{ct} 与晶闸管整流装置的理想空载输出电压 U_{do} 之间近似为线性关系，即

$$U_{do} = K_s U_{ct}$$

K_s 为晶闸管整流装置的放大系数。它是一个比例环节，该环节的传递函数为

$$\frac{U_{do}(s)}{U_{ct}(s)} = K_s \tag{2.35}$$

3．直流电动机

直流电动机在额定励磁下，输入电压和转速之间的关系可以表示为

$$T_d T_m \frac{d^2 n}{dt^2} + T_m \frac{dn}{dt} + n = \frac{U_{do}}{C_e} \tag{2.36}$$

式中，T_m 是机电时间常数，单位为 s，$T_m = \frac{GD^2 R}{375 C_e C_m}$，$GD^2$ 为电动机的飞轮惯量；T_d 是电

枢回路电磁时间常数，单位为 s，$T_d = L/R$，L 是励磁电路电感和电枢电路电感之和，R 是电枢电路电阻和励磁电路电阻之和。它是一个二阶线性环节，该环节的传递函数为

$$\frac{n(s)}{U_{do}(s)} = \frac{1/C_e}{T_d T_m s^2 + T_m s + 1} \tag{2.37}$$

4．转速检测环节

测速发电机是调速系统中转速检测单元，测速机的轴和被测轴是刚性连接，它能把电动机的转速信号变换为电压信号，其输出电压和转速成正比。

$$U_n = n\alpha \tag{2.38}$$

式中，α 为速度反馈系数。它是一个比例环节，该环节的传递函数为

$$\frac{U_n(s)}{n(s)} = \alpha \tag{2.39}$$

任务四　建立自动控制系统的动态结构图

一、任务导入

结构图又称框图，在控制系统中常被用来描述各元件（环节）之间、各作用量之间的相互关系，结构图又分动态结构图（描述动态关系）和静态结构图（描述静态关系）。我们在分析系统时，关注的是它的动态过程，所以动态结构图是我们学习的重点。动态结构图不仅可以用来求取系统的传递函数，而且可直观地表明系统各信号之间的传递过程，使研究和分析系统更为便利。本任务就是学习怎样建立自动控制系统的动态结构图，怎样根据动态结构图来求解传递函数。

二、相关知识点

1．动态结构图的概念

系统的动态结构图（简称结构图或框图）是系统的一种动态数学模型，是由组成该系统的各环节功能框图按照信号传递的关系组合而成。一般由四种基本符号构成，即信号线、功能框、比较点和引出点，其常用符号如图 2.18 所示。

（1）信号线如图 2.18(a) 所示，它由带箭头的线段组成。线段表示信号，箭头表示信号传递方向，注意其是单向性的。在线段上标记信号的时间函数或传递函数。

（2）功能框如图 2.18(b) 所示，它由一个框、一个输入量及一个输出量组成。框内要标注所表示环节的传递函数，也就是输出和输入的关系。

（3）比较点如图 2.18(c) 所示，它由符号"$\otimes$"或"○"和输入信号线组成。比较点又称综合点或汇合点，表示其输入信号之代数和。若输入信号为正，其符号"+"可以省略。注意：进行相加减的量，必须具有相同的量纲。

（4）引出点如图 2.18(d) 所示，引出点又称分支点。它表示把其线段上的信号引出来输送出去。线段中加了引出点后，其原信号的大小保持不变。同一位置引出的信号大小和性质完全一样。

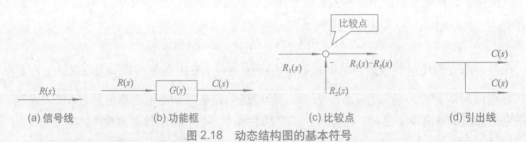

(a) 信号线　　　　　　　(b) 功能框　　　　　　　(c) 比较点　　　　　　　(d) 引出线

图 2.18　动态结构图的基本符号

2．控制系统结构图的绘制

下面来举例说明控制系统动态结构图的绘制步骤。

例 2.5　图 2.19 所示为 RC 电路原理图，试建立其动态结构图。

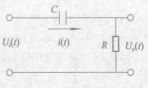

图 2.19　RC 电路原理图

解：根据电路定律，可得到其环节的微分方程为

$$u_i(t) = \frac{1}{C}\int i(t)\mathrm{d}t + u_o(t) \tag{2.40}$$

$$u_o(t) = Ri(t) \tag{2.41}$$

将式 (2.40) 经拉普拉斯变换，得

$$U_i(s) = \frac{1}{C(s)}I(s) + U_o(s) \tag{2.42}$$

对式 (2.42) 移项，整理得

$$I(s) = C(s)[U_i(s) - U_o(s)] \tag{2.43}$$

式 (2.43) 的上述关系，可用框图 2.20(a) 来表示。

(a) 式 (2.43) 的框图　　　　　　　　　　　(b) 式 (2.44) 的框图

图 2.20　各环节的功能框图

同理，对式 (2.41) 两边进行拉普拉斯变换，得

$$U_o(s) = RI(s) \tag{2.44}$$

数学关系用框图 2.20(b) 来表示。

将图 2.20（a）和图 2.20（b）合并，同时连接两图中的 $I(s)$ 和 $U_o(s)$，并将环节的输入量放在系统框图的最左端，输出量放在系统框图的最右端。可表示为图 2.21，即该环节的动态结构图。

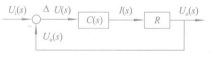

图 2.21　RC 电路的动态结构图

从上述例子，可以得到绘制控制系统动态结构图的步骤如下：

（1）理解系统的结构和原理，写出各环节的微分方程，并求其传递函数。

（2）依据各传递函数，画出各环节的功能框图，并标明其传递函数和各个变量。

（3）按照输入量放在最左边，输出量放在最右的原则，并根据信号传递的次序，将各功能框图依次连接，就构成系统的动态结构图。

在动态结构图中，沿输入量到输出量的信号传递方向，称为前向通路；反之，从输出量到输入量的传递方向，称为反馈通路。一般可以先画前向通路，再画反馈通路。

3．结构图的等效变换

在取得系统的动态结构图后，为了进一步分析系统的性能，就需求出系统总的传递函数，那就要对动态结构图进行等效变换。所谓等效变换，就是变换前、后系统的总输入量、总输出量之间数学关系保持不变。

下面说明对结构图进行等效变换的基本原则。

1）结构图串联的等效变换

如图 2.22（a）所示，两个环节串联，可等效为图 2.22（b）所示传递函数 $G(s)$ 的环节。

(a) 两个相串联的结构图　　　　　　　　　　(b) 等效变换后的结构图

图 2.22　串联环节的等效变换

证明：

由图 2.22（a），有

$$U(s)=G_1(s)R(s)，\quad C(s)=G_2(s)U(s)$$

消去中间变量 $U(s)$，得

$$C(s)=G_2(s)U(s)=G_1(s)G_2(s)U(s)=G(s)U(s)$$

有

$$G(s)=G_1(s)G_2(s) \tag{2.45}$$

式 (2.45) 是两个串联环节的等效传递函数，图 2.22（b）为其结构图。

结论：两个环节相串联的等效传递函数等于两传递函数之积。该结论可以推广到多个环节相串联的形式。

推广：有 n 个环节串联，每个环节的传递函数分别是 $G_1(s)$，$G_2(s)$，$\cdots$，$G_n(s)$，连接如图 2.23 所示。

图 2.23　n 个环节串联

通过化简可得总传递函数为

$$G(s) = G_1(s) \cdot G_2(s) \cdots \cdot G_n(s) = \prod_{i=1}^{n} G_i(s)$$

结构图如图 2.24 所示。

图 2.24　结构图

2）结构图并联的等效变换

如图 2.25（a）所示，两个环节并联，可等效为图 2.25（b）所示传递函数 $G(s)$ 的环节。

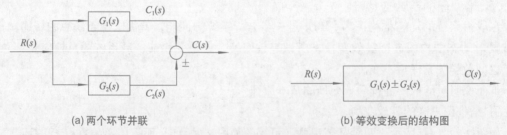

(a) 两个环节并联　　　　　　　　　　　(b) 等效变换后的结构图

图 2.25　并联环节的等效变换

证明：

由图 2.25（a），可得

$$G_1(s)=G_1(s)R(s)，\quad C_2(s)=G_2(s)R(s)$$

则

$$C(s) = C_1(s) \pm C_2(s) = [G_1(s) \pm G_2(s)]R(s) = G(s)R(s)$$

即

$$G(s) = G_1(s) \pm G_2(s) \tag{2.46}$$

式 (2.46) 是两个并联环节的等效传递函数。

结论：两个环节相并联的等效传递函数等于两传递函数的代数和。该结论可以推广到多个环节相并联的形式。

推广：有 n 个环节并联，每个环节的传递函数分别是 $G_1(s)$，$G_2(s)$，$\cdots$，$G_n(s)$，连接如图 2.26 所示。

通过化简可得总传递函数为

$$G(s) = \sum_{i=1}^{n} G_i(s)$$

结构图如图 2.27 所示。

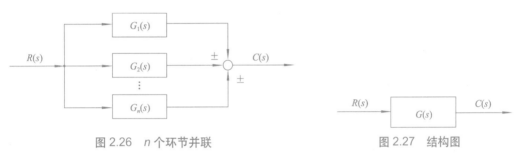

图 2.26　n 个环节并联　　　　　　图 2.27　结构图

3）反馈连接的等效传递函数

图 2.28(a) 所示为带有反馈连接的系统结构图，可等效为图 2.28(b) 所示的结构图。

(a) 反馈连接的结构图　　　　　　(b) 反馈等效变换后的结构图

图 2.28　反馈连接的结构图的等效变换

证明：由图 2.28（a），可得

$$C(s) = G(s)E(s)，\quad E(s) = R(s) \pm B(s)，\quad B(s) = H(s)C(s)$$

消去中间变量，可得

$$C(s) = G(s)[R(s) \pm H(s)C(s)]$$

则

$$C(s) = \frac{G(s)}{1 \mp G(s)H(s)} R(s) \tag{2.47}$$

或

$$\Phi(s) = \frac{C(s)}{R(s)} = \frac{G(s)}{1 \mp G(s)H(s)} \tag{2.48}$$

式 (2.48) 是带有反馈连接的系统的等效传递函数，和图 2.28（b）所示系统的传递函数相等。在使用式 (2.48) 对反馈控制进行简化时，其反馈环路必须是独立的。式中，"+"号对应负反馈；"－"号对应正反馈。

图 2.28（a）中，$G(s)$ 称为前向通道传递函数；$H(s)$ 为反向通道传递函数；$G(s)H(s)$ 为系统的开环传递函数；$\Phi(s)$ 为系统的闭环传递函数；$B(s)$ 是反馈量。

若图 2.28（a）中反馈通道 $H(s)=1$，则该系统为单位负反馈，式 (2.48) 可表示为

$$\Phi(s) = \frac{G(s)}{1 \mp G(s)}$$

推广：若 $G(s)$ 的形式为 $\dfrac{N(s)}{D(s)}$，$H(s)$ 的形式为 $\dfrac{P(s)}{M(s)}$，如图 2.29 所示。

可知，系统开环传递函数为

$$G_{\text{o}}(s) = \frac{N(s)}{D(s)} \cdot \frac{P(s)}{M(s)}$$

系统闭环传递函数可写成

$$\Phi(s) = \frac{N(s)/D(s)}{1 \mp N(s)P(s)/[D(s)M(s)]} = \frac{N(s)M(s)}{D(s)M(s) \mp N(s)P(s)}$$

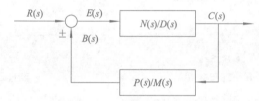

图 2.29　反馈连接的简化图

系统的特征方程为

$$D(s)M(s) \mp N(s)H(s) = 0$$

4．比较点和引出点的变位

在化简系统结构图时，若有些闭环回路相互交错在一起，为了进行框图的串联、并联或反馈连接的运算，就必须将某些比较点或引出点的位置进行移动，以消除闭环回路之间的交叉。点的移动原则是使移动前后必须保持信号的等效性。

1）同类性质点的移动及合并

（1）比较点之间的移动及合并：在两个环节中，相邻比较点之间的位置可以相互交换，这种交换不改变输入、输出的关系。

根据图 2.30，可得

$$C(s) = R(s) \pm Y_1(s) \pm Y_2(s) = R(s) \pm Y_2(s) \pm Y_1(s)$$

移动前后，$C(s)$ 保持不变。

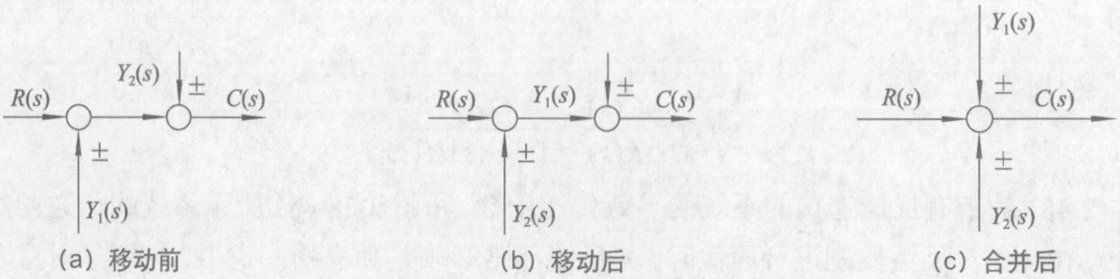

（a）移动前　　　　　　　　　　　（b）移动后　　　　　　　　　　　（c）合并后

图 2.30　比较点之间的移动

（2）引出点之间的移动：在两个环节中，相邻引出点之间的位置可以相互交换，这种交换不改变输入、输出的关系。如图 2.31 所示。

(a) 移动前   (b) 移动后

图 2.31　比较点之间的移动

但要注意的是，比较点和引出点是两个不同性质的符号，它们之间不能相互移动，否则，将不等效。

2）比较点移动

（1）比较点前移：若将比较点从环节 $G(s)$ 后移动环节前，要保持 $C(s)$ 不变，移动后的支路上应乘 $\dfrac{1}{G(s)}$，如图 2.32 所示。

(a) 移动前   (b) 移动后

图 2.32　比较点的前移

移动前

$$C(s) = G(s)R(s) \pm Y(s)$$

移动后

$$C(s) = G(s)[R(s) \pm \frac{1}{G(s)}Y(s)]$$
$$= G(s)R(s) \pm Y(s)$$

从上可以看到，比较点移动前后，$C(s)$ 保持不变。

（2）比较点后移：若将比较点从环节 $G(s)$ 前移动到环节后，要保持 $C(s)$ 不变，移动后的支路上应乘它所跨过的传递函数 $G(s)$，如图 2.33 所示。

(a) 移动前   (b) 移动后

图 2.33　比较点的后移

移动前

$$C(s) = G(s)[R(s) \pm Y(s)]$$

移动后

$$C(s) = G(s)R(s) \pm G(s)Y(s)$$
$$= G(s)[R(s) \pm Y(s)]$$

（3）引出点前移：若将环节 $G(s)$ 后的引出点移动到环节之前，为保持等效变换，则被移动的支路上要乘传递函数 $G(s)$，如图 2.34 所示。

(a) 移动前   (b) 移动后

图 2.34　引出点前移

（4）引出点后移：若将环节 $G(s)$ 后的引出点移动到环节之后，为保持等效变换，则被移动的之路上要乘传递函数 $\dfrac{1}{G(s)}$，如图 2.35 所示。

(a) 移动前   (b) 移动后

图 2.35　引出点后移

（5）交换比较点和引出点：若将引出点和比较点相互交换，则需要在引出处加入比较环节，但注意加入比较环节的方向，如图 2.36、图 2.37 所示。

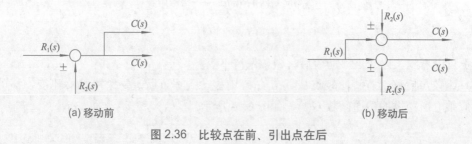

(a) 移动前   (b) 移动后

图 2.36　比较点在前、引出点在后

(a) 移动前   (b) 移动后

图 2.37　引出点在前、比较点在后

（6）等效的单位反馈：若环节前向通道传递函数为 $G(s)$，反馈通道传递函数是 $H(s)$，在有些情况下，需要将它转化为单位反馈，如图 2.38 所示。

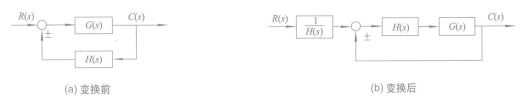

(a) 变换前　　　　　　　　　　　　　　　(b) 变换后

图 2.38　单位反馈变换

变换前，图 2.38(a) 中 $C(s)$ 为

$$C(s) = \frac{G(s)}{1 \pm G(s)H(s)} R(s)$$

然后，将上式做进一步变换：

$$C(s) = \frac{1}{H(s)} \cdot \frac{G(s)H(s)}{[1 \pm G(s)H(s)]} R(s)$$

式中：$\dfrac{G(s)H(s)}{1 \pm G(s)H(s)}$ 为变换后为单位反馈的传递函数，就得到变换之后的图 2.38(b)。

三、任务分析与实施

求图 2.39 所示系统的传递函数 $C(s)/R(s)$。

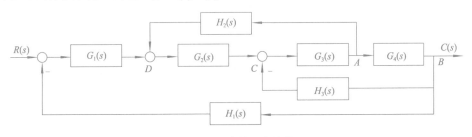

图 2.39　系统的动态结构图

分析与实施

分析：由图 2.39 所示，系统统结构图含有三个回路，但回路之间有交叉，所以，必须首先移动引出点或者比较点，来解除交叉，然后再运算基本规则，逐步求出其传递函数。经过分析，现有两种方法。

方法：将 A 点跨过 G_4 移至 B 点；方法 2：将 C 点跨过 G_2 移至 D 点。

现在我们以方法 1 来详述求解过程。

第一步，将引出点 A 后移到 B，从 B 新引出的反馈通道传递函数为 $H_2(s)/G_4(s)$，见图 2.40（a）。

第二步，把阴影部分运用反馈简化规则，进行简化 [见图 2.40（b）]，得

$$\frac{G_3(s)G_4(s)}{1 + G_3(s)G_4(s)H_3(s)}$$

再把第二个回路进行简化，得到 $\dfrac{G_2(s)G_3(s)G_4(s)}{1+G_3(s)G_4(s)H_3(s)+G_2(s)G_3(s)H_2(s)}$，见图 2.40（c）。

消去最后一个反馈回路，得到图 2.40(d)。

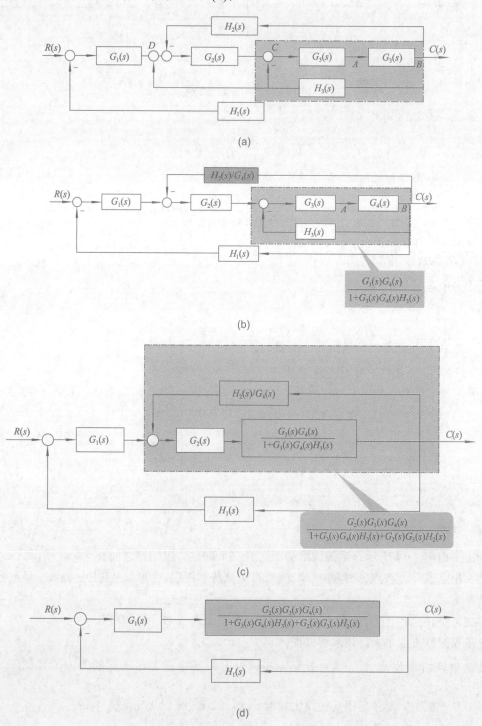

图 2.40　系统的动态结构图简化

经化简，得

$$\frac{C(s)}{R(s)} = \frac{G_1(s)G_2(s)G_3(s)G_4(s)}{1+G_1(s)G_2(s)G_3(s)G_4(s)H_1(s)+G_2(s)G_3(s)H_2(s)+G_3(s)G_4(s)H_3(s)}$$

小　　结

数学模型是描述系统输入/输出变量及内部变量之间的动态关系的依据，具有与实际系统相似的特性。对系统进行性能分析，首先要给出数学模型，然后才能通过模型变化求解系统输出响应。分析系统的路径是：(1) 建立模型；(2) 模型求解；(3) 性能分析。

微分方程是控制系统最基本、最重要的数学模型，它反映了系统或元部件的动态运行规律。建立微分方程时，要根据系统中各元件的物理规律，列些出各个元件的微分方程，得到微分方程组，然后消去中间变量，化简整理后得到系统总的输入/输出微分方程。还可以通过拉普拉斯变换或拉普拉斯反变换来求解控制系统在给定外作用信号和初始条件下的微分方程，得到输出响应。

传递函数采用拉普拉斯变换对线性定常系统进行处理，可表达出不同结构系统所具备的许多共性内容，还可研究结构和参数变化对系统性能的影响。控制系统的典型环节常见的有比例环节、积分环节、微分环节、惯性环节、振荡环节和延迟环节等。

动态结构图可表示出系统内部各变量之间的信号传递关系，通过等效变换来化简较复杂的系统结构，直观、形象，易于系统的性能分析和中间变量的讨论。

线性定常控制系统数学模型、响应和性能指标之间的联系如图 2.41 所示。

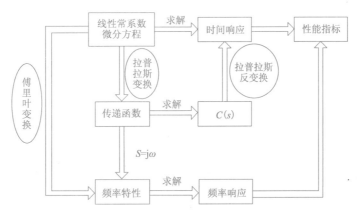

图 2.41　线性定长连续控制系统模型、分析

思考与练习

2-1 如图 2.42 所示液位系统，Q_i, Q_o 为进出口水流量，R 为出水管水阻，水池底面积为 C，试建立该液位系统的微分方程。

2-2 自控系统的数学模型主要有哪几种？

2-3 如图 2.43 所示为质量、弹簧、摩擦系统，k 和 r 分别为弹簧的劲度系数和摩擦因数，系统的输入量为外力 $u(t)$，系统的输出量为质量 m 的位移 $y(t)$。试写出系统的传递函数 $G(s)=y(s)/u(s)$。

2-4 如图 2.44 所示，输入电压为 $u(t)$，输出量为电容器两端电压 $u_C(t)$。试确定其传递函数 $u_c(s)/u(s)$。

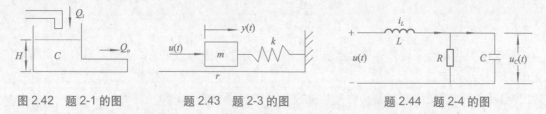

图 2.42 题 2-1 的图　　　题 2.43 题 2-3 的图　　　题 2.44 题 2-4 的图

2-5 分别写出比例、积分、微分、惯性、振荡、延迟等环节的传递函数。

2-6 试化简图 2.45 中所示系统结构图，并求传递函数 $C(s)/R(s)$。

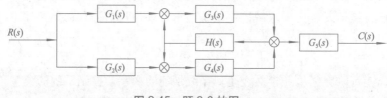

图 2.45 题 2-6 的图

2-7 闭环控制系统的开环传递函数与开环控制系统的传递函数是相同的吗?

单元三

自动控制系统的时域分析法

任务一　控制系统的典型响应

单元三　自动控制系统的时域分析法

任务二　控制系统的动态性能分析

任务三　控制系统的稳态性能

任务四　控制系统的稳态误差

任务一　控制系统的典型响应

一、任务导入

对于线性定常系统，常用的工程方法有时域分析法、根轨迹法和频率法。后两种方法都是以时域分析法为基础，并且应用了时域分析法中的许多结论。时域分析法是根据系统的微分方程，以拉普拉斯变换作为数学工具，直接解出控制系统的时间响应。然后，依据响应的表达式以及其时间响应曲线来分析系统的控制性能，诸如稳定性、快速性、平稳性、准确性等，并找出系统结构、参数与这些性能之间的关系。

不同的方法有不同的特点，与根轨迹法、频率法相比较而言，时域分析法是一种直接分析法，易于为人们所接受；此外，它还是一种比较准确的方法，可以提供系统时间响应的全部信息。

本任务训练要求学生掌握时域分析法中典型初始状态、典型外作用、典型时间响应等概念，并利用 MATLAB 工具软件求取控制系统的单位阶跃响应、单位斜坡响应或单位脉冲响应等典型时间响应。

二、相关知识点

1. 典型初始状态，典型外作用

一个系统的时间响应 $c(t)$，不仅取决于该系统本身的结构、参数，而且还与系统的初始状态以及加在该系统上的外作用有关。例如：RC 网络中电容上有无初始电压，输入信号是交流还是直流，其输出响应全然不同。实际上，各种控制系统的初始状态是不相同的，系统的输入信号和所承受的干扰也是不相同的，甚至事先是无法知道的。为了便于分析和比较控制系统性能的优劣，通常对初始状态和外作用做一些典型化处理。

1）典型初始状态

规定控制系统的初始状态均为零状态。即在 $t = 0^-$ 时，$c(0^-) = \dot{c}(0^-) = \ddot{c}(0^-) = \cdots = 0$

这表明，在外作用加于系统的瞬时（$t=0$）之前，系统是相对静止的，被控量及其各阶导数相对于平衡工作点的增量为零。

2）典型外作用

典型外作用是众多复杂的实际外作用的一种近似和抽象。它的选择不仅应使数学运算简单，而且还应便于用实验来验证。常用的典型外作用有以下四种：

（1）单位阶跃作用 $l(t)$，如图 3.1(a) 所示。其数学描述为

$$l(t) = \begin{cases} 0 & t < 0 \\ 1 & t \geq 0 \end{cases} \tag{3.1}$$

其拉普拉斯变换式为

$$L[l(t)] = \frac{1}{s} \tag{3.2}$$

指令的突然转换，电源的突然接通，负荷的突变，常值干扰的突然出现，等等，均可视为阶跃作用。阶跃作用是评价系统动态性能时应用较多的一种典型外作用。

（2）单位斜坡作用 $t \cdot l(t)$，如图 3.1(b) 示。其数学描述为

$$t \cdot l(t) = \begin{cases} 0 & t < 0 \\ 1 & t \geq 0 \end{cases} \tag{3.3}$$

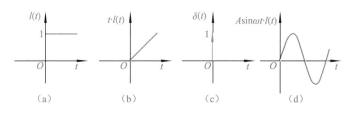

图 3.1 典型外作用

其拉普拉斯变换式

$$L[t \cdot l(t)] = \frac{1}{s^2} \tag{3.4}$$

大型船闸匀速升降时主拖动系统发出的位置信号，数控机床加工斜面时的进给指令，等等，均可看成斜坡作用。

（3）单位脉冲作用 $\delta(t)$。其数学描述为

$$\delta(t) = \begin{cases} \infty & t = 0 \\ 0 & t \neq 0 \end{cases}, \qquad \int_{0^-}^{0^+} \delta(t)\mathrm{d}t = 1 \tag{3.5}$$

其拉普拉斯变换式

$$L[\delta(t)] = 1 \tag{3.6}$$

单位脉冲作用可用图 3.1(c) 来表示，图中 1 代表了脉冲强度。单位脉冲作用 $\delta(t)$ 在现实中是不存在的，它只是某些物理现象经过数学抽象化处理的结果。脉冲电信号、冲击力、阵风或大气湍流等，可近似为脉冲作用。

（4）正弦作用 $A\sin\omega t \cdot l(t)$，如图 3.1(d) 所示。这里 A 为振幅，ωt 为角频率。其数学描述为

$$A\sin\omega t \cdot l(t) = \begin{cases} 0 & t < 0 \\ A\sin\omega t & t \geqslant 0 \end{cases} \tag{3.7}$$

其拉普拉斯变换式为

$$L[A\sin\omega t \cdot l(t)] = \frac{A\omega}{s^2 + \omega^2} \tag{3.8}$$

实际控制过程中，海浪对船体的扰动力，伺服振动台的输入指令，电源及机械振动的噪声，等等，均可近似为正弦作用。

2．典型时间响应

初始状态为零的系统，在典型外作用下的输出，称为典型时间响应。从数学角度来理解，典型时间响应就是描述控制系统的微分方程在典型外作用下的零初始条件解。

1）单位阶跃响应

系统在单位阶跃输入 $[r(t)=l(t)]$ 作用下的响应，称为单位阶跃响应，常用 $h(t)$ 表示，如图 3.2(a) 所示。若系统的闭环传递函数为 $\Phi(s)$，则单位阶跃响应 $h(t)$ 的拉普拉斯变换式

$$H(s) = \Phi(s) \cdot R(s) = \Phi(s) \cdot \frac{1}{s} \tag{3.9}$$

故

$$h(t) = L^{-1}[H(s)] \tag{3.10}$$

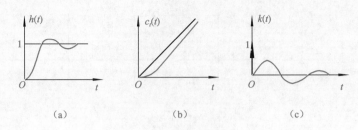

图 3.2 典型时间响应

2）单位斜坡响应

系统在单位斜坡输入 $[r(t)=t \cdot l(t)]$ 作用下的响应，称为单位斜坡响应，用 $C_t(t)$ 表示，如图 3.2(b) 所示。单位斜坡响应 $C_t(t)$ 的拉普拉斯变换式

$$C_t(s) = \Phi(s) \cdot R(s) = \Phi(s) \cdot \frac{1}{s^2} \tag{3.11}$$

故

$$C_t(t) = L^{-1}\left[C_t(s)\right] \tag{3.12}$$

3）单位脉冲响应

系统在单位脉冲输入 $[r(t)=\delta(t)]$ 作用下的响应，称为单位脉冲响应，也称脉冲过渡函数，常用 $k(t)$ 表示，如图 3.2(c) 所示。单位脉冲响应 $k(t)$ 的拉普拉斯变换式

$$K(s) = \Phi(s) \cdot R(s) = \Phi(s) \cdot 1 = \Phi(s) \tag{3.13}$$

故

$$k(t) = L^{-1}\left[K(s)\right] = L^{-1}\left[\Phi(s)\right] \tag{3.14}$$

单位脉冲响应积分一次就是单位阶跃响应，而单位阶跃响应积分一次就是单位斜坡响应。或者说，单位斜坡响应的一次导数就是单位阶跃响应，而单位阶跃响应的一次导数就是单位脉冲响应。因此，根据三种响应之间的关系，可以由其中的任何一种换算另外两种。

3．MATLAB 软件在系统性能分析中的应用

本节将介绍利用 MATLAB 进行控制系统瞬态响应分析的方法。MATLAB 中提供了用于求解系统时域响应的方法，利用 MATLAB 中的控制系统工具箱来对控制系统进行分析，它适合于求解系统总体模型给定时的时域响应；控制系统工具箱（Control System Toolbox）是一个算法的集合，它使用关于复数矩阵的函数来提供控制工程的专用函数，其中大部分是 M 文件，都可以直接调用。利用这些函数就可以完成控制系统的时域分析、设计与建模。控制系统工具箱主要处理的是线性时不变系统（Linear Time Invariant，LTI）。

控制系统的传递函数模型为

$$G(s) = \frac{\text{num}(s)}{\text{den}(s)} = \frac{b_0 s^m + b_1 s^{m-1} + \cdots + b_{m-1}s + b_m}{a_0 s^n + a_1 s^{n-1} + \cdots + a_{n-1}s + b_n}$$

在 MATLAB 中，分子 / 分母多项式通过其系数行向量表示，即

num = $[b_0,\ b_1,\ ...,\ b_m]$

den = $[a_0,\ a_1,\ ...,a_n]$

此时，系统的传递函数模型用 tf 函数生成，句法为：sys=tf(num, den)

其中，sys 为系统传递函数。

若控制系统的模型形式为零极点增益形式

$$G(s) = k \frac{(s - z_1)(s - z_2) \cdot \cdots \cdot (s - z_m)}{(s - p_1)(s - p_2) \cdot \cdots \cdot (s - p_n)}$$

则在 MATLAB 中，用 $[z, p, k]$ 向量组表示，即：

$$z=[z_1, \ z_2, \ \cdots, \ z_m]$$
$$p=[p_1, \ p_2, \ \cdots, \ p_n]$$
$$k=[k]$$

此时，系统的传递函数模型用 zpk 函数生成，句法为：sys=zpk(z, p, k)。

zpk 函数也可用于将传递函数模型转换为零极点增益形式，句法为：zpksys=zpk(sys)

4．用 MATLAB 求系统的脉冲响应

MATLAB 中求取控制系统的单位脉冲响应的函数为 impulse( )，其调用格式为

impulse(sys)

impulse(sys,t)

impulse(sys1，...，sysN)

impulse(sys1，...，sysN,t)

impulse(sys1，'PlotStyle1',...，sysN, 'PlotStyleN')

[y,t] =impulse(sys)

[y,t,x]=impulse(sys)

y=impulse(sys,t)

impulse(sys) 对控制系统 sys 进行仿真，并画出该系统的单位脉冲响应曲线；impulse(sys，t) 则显式地指定了仿真时间。

y=impulse(sys) 和 $[y,t]$=impulse(sys) 则只对控制系统 sys 进行仿真计算，将仿真结果返回给变量 y、时间 t，不进行屏幕绘图。

5．用 MATLAB 求系统的阶跃响应

MATLAB 中求取控制系统的单位阶跃响应的函数为 step( )，其调用格式为

step(sys)

step(sys,t)

step(sys1，...，sysN)

step(sys1，...，sysN,t)

step(sys1，'PlotStyle1',...，sysN, 'PlotStyleN')

[y,t]=step(sys)

[y,t,x]=step(sys)

y=step(sys,t)

step 命令的使用方法同 impulse 命令。

6．用 MATLAB 求系统的斜坡响应

MATLAB 没有直接求系统斜坡响应的功能函数。在求取控制系统的斜坡响应时，通常利用阶跃响应功能函数。基于单位阶跃信号的拉普拉斯变换为 $1/s$，而单位斜坡信号的拉普拉斯变换为 $1/s^2$。所以在求取控制系统的单位斜坡响应时，可利用阶跃响应的功能函数 step() 求取

传递函数为 $G(s)/s$ 的系统的阶跃响应，则其结果就是原系统 $G(s)$ 的斜坡响应。

4、任意函数作用下系统的响应

当需要求取在任意已知函数作用下系统的响应时，可以用线性仿真函数 lsim() 来实现，其调用格式为

$$y=lsim(sys,u,t)$$

其中，t 为仿真时间，u 为控制系统的任意输入信号。下面举例说明该函数的使用方法。

以上介绍了利用 MATLAB 控制工具箱中的各种函数进行控制系统瞬态响应分析的方法，除此之外，还可以利用 LTI 观测器 (LTI Viewer) 进行控制系统的各种分析。

LTI 观测器 (LTI Viewer) 是 MATLAB 控制工具箱自带的用于线性时不变 (LTI) 系统分析的图形界面 (GUI) 工具，支持 10 种不同类型的系统响应分析，包括阶跃、脉冲、零极点图形等。通过配置 LTI 观测器，可以实现在同一个观测器中同时显示六种分析曲线和任意数量的模型，而且可以随时获取指定响应曲线的信息，诸如峰值时间、超调量等。

三、任务分析与实施

 训练任务①

利用 MATLAB 求取控制系统的单位脉冲响应。

已知控制系统的闭环传递函数为 $\Phi(s) = \dfrac{1}{s^2 + s + 1}$，试用 MATLAB 求系统的单位脉冲响应。

分析与实施

求解系统单位脉冲响应的 MATLAB 程序如下：

```
%---Unit-impulse Response------
sys=tf([1],[1 1 1]);
t=0:0.05:10;
impulse(sys,t)
grid
title('Unit-Impulse Response of G(s)=1/(s^2+s+1)')
```

MATLAB 工具软件绘制的该系统单位脉冲响应曲线如图 3.3 所示。

 训练任务②

利用 MATLAB 求取控制系统的单位阶跃响应。

已知二阶控制系统的闭环传递函数为 $\Phi(s) = \dfrac{\omega_n^2}{s^2 + 2\xi\omega_n + \omega_n^2}$，试用 MATLAB 求系统 $\omega_n = 6$，$\xi = 0.1, 0.2, \cdots, 1.0, 2.0$ 时的单位阶跃响应。

分析与实施

MATLAB 程序如下：

```
%wn=6,kosi=0.1,0.2,...,1.0,2.0
wn=6;
kosi=[0.1:0.1:1.0,2.0];
```

```
figure(1)
hold on
for kos=kosi
num=wn^2;
den=[1,2*kos*wn,wn^2];
step(num,den)
end
title(' 二阶系统阻尼系数为 0.1,0.2,~1.0,2.0 时的阶跃响应 ')
hold off
grid
axis([0 6 0 1.8])
```

MATLAB 工具软件绘制的阻尼系数变化的二阶系统单位阶跃响应曲线如图 3.4 所示。

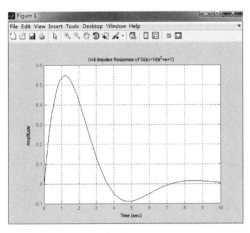 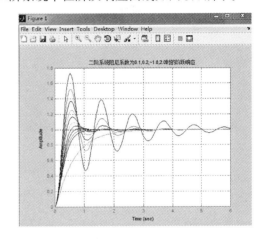

图 3.3　$\Phi(s)=\dfrac{1}{s^2+s+1}$ 系统的单位脉冲响应　　图 3.4　阻尼系数变化的二阶控制系统的单位阶跃响应

 训练任务 ③

利用 MATLAB 求取控制系统的单位斜坡响应。

已知控制系统的闭环传递函数为 $\Phi(s)=\dfrac{1}{s^2+0.5s+1}$ ，试用 MATLAB 求系统的单位斜坡响应。

分析与实施

由于单位斜坡信号 $R(s)=1/s^2$，所以系统的输出信号的拉普拉斯变换为

$$C(s)=\frac{1}{s^2+0.5s+1}\cdot\frac{1}{s^2}=\frac{1}{s(s^2+0.5s+1)}\cdot\frac{1}{s}$$

因此，系统对单位斜坡信号的响应等价于一个单位阶跃信号作用在闭环传递函数为

$\Phi(s)=\dfrac{1}{s(s^2+0.5s+1)}$ 的系统响应。

求解系统单位斜坡响应的 MATLAB 程序如下：

% 控制系统的单位斜坡响应

```
sys=tf([1],[1 0.5 1 0]);
t=0:0.05:10;
y=step(sys,t);
plot(t,y,'-',t,t,'-')
grid
title('Unit-Ramp Response of G(s)=1/(s^2+0.5s+1)')
```

MATLAB 工具软件绘制的该系统单位斜坡响应曲线如图 3.5 所示。

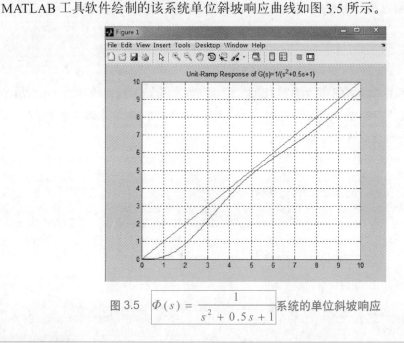

图 3.5 $\Phi(s) = \dfrac{1}{s^2 + 0.5s + 1}$ 系统的单位斜坡响应

任务二 控制系统的动态性能分析

一、任务导入

在典型输入信号下，任何一个控制系统的时间响应都可以分为动态过程和稳态过程两部分。动态过程又称过渡过程，是指系统从初始状态到接近最终状态的响应过程；稳态过程是指时间 t 趋于无穷时系统的输出状态。首先研究系统的动态过程，必须对动态过程的特点和性能进行探讨，需要了解描述动态过程的时域性能指标。

这些性能指标用来衡量控制系统性能的优劣，体现系统控制性能的"稳、准、快"等三个要求。需要在已知控制系统数学模型的情况下，计算各项指标值来对控制系统进行动态过程的特点和性能分析。

本任务训练学生掌握控制系统单位阶跃响应的各项性能指标，将对直线一级倒立摆进行数学建模，并分析其动态性能。

支点在下，重心在上，恒不稳定的系统或装置称为倒立摆。倒立摆系统按摆杆数量的不同，可分为一级、二级、三级等。直线一级倒立摆由直线运动模块和一级摆体组件组成，是最常见的倒立摆之一。直线倒立摆是在直线运动模块上装有摆体组件，直线运动模块有一个自由度，小车可以沿导轨水平运动，在小车上装载不同的摆体组件。倒立摆的控制问题就是使摆杆尽快地达到一个平衡位置，并且使之没有大的振荡和过大的角度和速度。当摆杆到达期望的位置后，系统能克服随机扰动而保持稳定的位置。

二、相关知识点

1. 阶跃响应的性能指标

一般认为，跟踪和复现阶跃作用对系统来说是较为严格的工作条件。故通常以阶跃响应来衡量系统控制性能的优劣和定义时域性能指标。系统的阶跃响应性能指标如下所述，如图 3.6 所示。

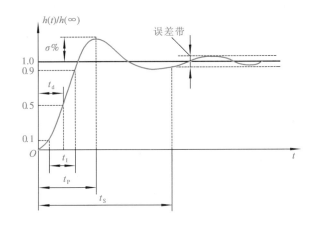

图 3.6　控制系统的典型单位阶跃响应

（1）延迟时间 t_d：指单位阶跃响应曲线 $h(t)$ 上升到其稳态值的 50% 所需要的时间。

（2）上升时间 t_r：指单位阶跃响应曲线 $h(t)$，从稳态值的 10% 上升到 90% 所需要的时间（也有指从零上升到稳态值所需要的时间）。

（3）峰值时间 t_p：指单位阶跃响应曲线 $h(t)$ 超过其稳态值而达到第一个峰值所需要的时间。

（4）超调量 $\sigma\%$ 指在响应过程中，超出稳态值的最大偏离量与稳态值之比，即

$$\sigma\% = \frac{h(t_p) - h(\infty)}{h(\infty)} \times 100\% \tag{3.15}$$

式中：$h(t_p)$ 是单位阶跃响应的峰值；$h(\infty)$ 是单位阶跃响应的稳态值。

（5）调节时间 t_s：在单位阶跃响应曲线的稳态值附近，取 $\pm 5\%$（有时也可取 $\pm 2\%$）作为误差带，响应曲线达到并不再超出该误差带的最小时间，称为调节时间（或过渡过程时间）。调节时间 t_s 标志着过渡过程结束，系统的响应进入稳态过程。

（6）稳态误差 e_{ss}：当时间 t 趋于无穷时，系统单位阶跃响应的实际值（即稳态值）与期望值 [一般为输入量 $1(t)$] 之差，一般定义为稳态误差。即

$$e_{ss} = 1 - h(\infty) \tag{3.16}$$

显然，当 $h(\infty)=1$ 时，系统的稳态误差为零。

上述六项性能指标中，延迟时间 t_d、上升时间 t_r 和峰值时间 t_p，均表征系统响应初始段的快慢；调节时间 t_s 表示系统过渡过程持续的时间，是系统快速性的一个指标；超调量 $\sigma\%$ 反映系统响应过程的平稳性；稳态误差则反映系统复现输入信号的最终（稳态）精度。超调量 $\sigma\%$，调节时间 t_s 和稳态误差 e_{ss} 这三项指标，分别评价系统单位阶跃响应的平稳性、快速性

和稳态精度。

2. 一阶系统的数学模型及单位阶跃响应

由一阶微分方程描述的系统，称为一阶系统。一些控制元部件及简单系统如 RC 网络、发电机、空气加热器、液面控制系统等都是一阶系统。一阶系统的微分方程为

$$T\frac{dc(t)}{dt} + c(t) = r(t) \tag{3.17}$$

式中：$c(t)$ 为输出量；$r(t)$ 为输入量；T 为时间常数。

一阶系统的结构图，如图 3.7 所示。

其闭环传递函数

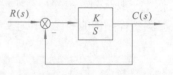

图 3.7　一阶控制系统

$$\Phi(s) = \frac{C(s)}{R(s)} = \frac{1}{\frac{1}{K}s+1} = \frac{1}{Ts+1} \tag{3.18}$$

式中：$T=1/K$。

称式（3.17）和式（3.18）为一阶系统的数学模型。时间常数 T 是表征系统惯性的一个主要参数，故一阶系统也称为惯性环节。不同的系统，时间常数 T 具有不同的物理意义，但是由式（3.17）可以看出，它总是具有时间"秒"的量纲。

因为单位阶跃输入的拉普拉斯变换 $R(s)=1/s$，则由式（3.18）可得

$$C(s) = \Phi(s)R(s) = \frac{1}{Ts+1} \cdot \frac{1}{s} \tag{3.19}$$

取 $C(s)$ 的拉普拉斯反变换，可得一阶系统的单位阶跃响应：

$$h(t) = L^{-1}\left[\frac{1}{Ts+1} \cdot \frac{1}{s}\right] = L^{-1}\left[\frac{1}{s} - \frac{1}{s+\frac{1}{T}}\right] \tag{3.20}$$

则

$$h(t) = 1 - e^{-\frac{1}{T}t} \quad (t \geqslant 0) \tag{3.21}$$

或写成

$$h(t) = c_{ss} + c_{tt} \tag{3.22}$$

式中：$c_{ss}=1$ 代表稳态分量；$c_{tt} = -e^{-\frac{1}{T}t}$ 代表瞬态分量。当时间 t 趋于无穷，C_{tt} 衰减为零。显然，一阶系统的单位阶跃响应曲线是一条由零开始，按指数规律上升并最终趋于 1 的曲线，如图 3.8 所示。响应曲线具有非振荡特征，故又称为非周期响应。

时间常数 T 是表征响应特性的唯一参数，它

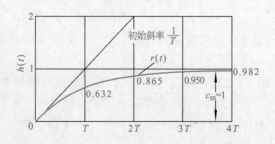

图 3.8　一阶系统的单位阶跃响应

与输出值有确定的对应关系：

$$t=T，h(T)=0.632$$
$$t=2T，h(2T)=0.865$$
$$t=3T，h(3T)=0.950$$
$$t=4T，h(4T)=0.982$$

可以用实验方法，根据这些值鉴别和确定被测系统是否为一阶系统及时间常数。

响应曲线的初始斜率

$$\left.\frac{\mathrm{d}h(t)}{\mathrm{d}t}\right|_{t=0}=\left.\frac{1}{T}\mathrm{e}^{-\frac{1}{T}t}\right|_{t=0}=\frac{1}{T} \tag{3.23}$$

式（3.23）表明，一阶系统的单位阶跃响应如果以初始速度等速上升至稳态值1，所需要的时间恰好为 T。

由于一阶系统的阶跃响应没有超调量，所以其性能指标主要是调节时间 t_s，它表征系统过渡过程的快慢。由于 $t=3T$ 时，输出响应可达稳态值的 95%；$t=4T$ 时，输出响应可达稳态值的 98%，故一般取 $t=3T$，对应 5% 误差带；$t=4T$，对应 2% 误差带；显然，系统的时间常数 T 越小，调节时间 t_s 越小，响应曲线很快就能接近稳态值。由式（3.16）及式（3.21）式可知，图 3.7 所示系统的单位阶跃响应是没有稳态误差的。

3．二阶系统的数学模型

二阶微分方程描述的系统，称为二阶系统。实际系统中有许多都是二阶系统，例如 RLC 网络，具有质量的物体的运动，忽略电枢电感 L 后的电动机。尤其值得注意的是，许多高阶系统，在一定的条件下，常常作为二阶系统来研究。所以，详细讨论和分析二阶系统的特性，有着十分重要的实际意义。这里所讨论的二阶系统的微分方程为

$$\frac{\mathrm{d}^2c(t)}{\mathrm{d}t}+2\xi\omega_n\frac{\mathrm{d}c(t)}{\mathrm{d}t}+\omega_n^2c(t)=\omega_n^2r(t)，\quad\omega_n>0 \tag{3.24}$$

式中：$r(t)$ 和 $c(t)$ 分别为系统的输入量和输出量；ω_n 称为无阻尼自然频率或固有频率；ξ 称为阻尼比。由式（3.24）可得该二阶系统的传递函数：

$$\Phi(s)=\frac{\omega_n^2}{s^2+2\xi\omega_ns+\omega_n^2} \tag{3.25}$$

对应的系统结构图可由图 3.9 表示。

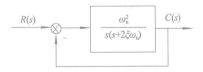

图 3.9　二阶系统结构图

二阶系统的特征方程为

$$s^2+2\xi\omega_ns+\omega_n^2=0 \tag{3.26}$$

方程的特征根为

$$s_{1,2} = -\xi\omega_n \pm \omega_n\sqrt{\xi^2 - 1} \tag{3.27}$$

当输入信号是阶跃信号时，微分方程（3.24）的右端为常值，则该微分方程解的形式为

$$c(t) = A_0 + A_1 e^{s_1 t} + A_2 e^{s_2 t} \tag{3.28}$$

式中：A_0，A_1，A_2 为由 $r(t)$ 和初始条件确定的待定的系数。由式（3.28）可见：

（1）当 $0<\xi<1$ 时，特征方程有一对实部为负的共轭复根，系统时间响应具有振荡特性，称为欠阻尼状态。

（2）当 $\xi=1$ 时，特征方程有两个相等的负实根，称为临界阻尼状态。

（3）当 $\xi>1$ 时，特征方程有两个不相等的负实根，称为过阻尼状态。对于临界阻尼和过阻尼状态，系统的时间响应均无振荡。

（4）当 $\xi=0$ 时，特征方程有一对纯虚根，称为零阻尼状态。系统时间响应为持续的等幅振荡。

（5）当 $\xi<0$ 时，特征方程有两个正实部的根，称为负阻尼状态。由式（3.28）可知，$c(t)$ 是发散的，表明 $\xi<0$ 的系统是不稳定的。

ξ 取值不同，二阶系统闭环极点（即特征方程根）在 s 平面上的分布亦不相同，如图 3.10 所示。

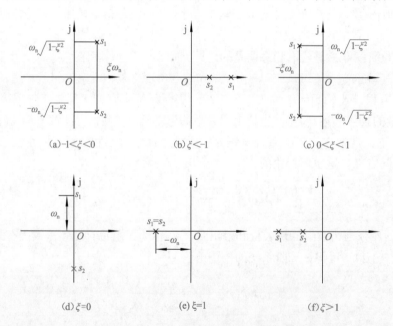

图 3.10 平面上二阶系统的闭环极点分布

二阶系统的响应特性完全由 ω_n 和 ξ 两个参数来描述，故 ω_n 和 ξ 是二阶系统的结构参数，对于不同的二阶系统，ω_n 和 ξ 的物理含义是不同的。

4．二阶系统的单位阶跃响应

下面研究稳定的二阶系统的单位阶跃响应。分别研究过阻尼和欠阻尼两种情况，同时也讨论零阻尼情况。

1）过阻尼二阶系统的单位阶跃响应

当阻尼比 $\xi>1$ 时，二阶系统的闭环特征方程有两个不相等的负实根。式（3.26）可写成

$$s^2 + 2\xi\omega_n s + \omega_n^2 = (s + \frac{1}{T_1})(s + \frac{1}{T_2}) = 0 \tag{3.29}$$

$$T_1 = \frac{1}{\omega_n(\xi - \sqrt{\xi^2 - 1})} \qquad (3.30)$$

$$T_2 = \frac{1}{\omega_n(\xi - \sqrt{\xi^2 - 1})} \qquad (3.31)$$

且

$$T_1 > T_2, \quad \omega_n^2 = \frac{1}{T_1 T_2}$$

于是闭环传递函数为

$$\frac{C(s)}{R(s)} = \frac{\dfrac{1}{T_1 T_2}}{(s + \dfrac{1}{T_1})(s + \dfrac{1}{T_2})} = \frac{1}{(T_1 s + 1)(T_2 s + 1)} \qquad (3.32)$$

因此，过阻尼二阶系统可以看成两个时间常数不同的惯性环节串联。

当输入信号为单位阶跃作用时，$R(s) = 1/s$。

系统的输出

$$C(s) = \frac{\dfrac{1}{T_1 T_2}}{(s + \dfrac{1}{T_1})(s + \dfrac{1}{T_2})} \cdot \frac{1}{s} \qquad (3.33)$$

取 C(s) 的拉普拉斯反变换，得单位阶跃响应：

$$h(t) = 1 + \frac{1}{\dfrac{T_2}{T_1} - 1} e^{-\frac{1}{T_1}t} + \frac{1}{\dfrac{T_1}{T_2} - 1} e^{-\frac{1}{T_2}t} \qquad t \geqslant 0 \qquad (3.34)$$

式中：稳态分量为 1，瞬态分量为后两项指数项。可以看出，瞬态分量随时间 t 的增长而衰减到零，最终输出稳态值为 1，所以系统稳态误差为零。过阻尼二阶系统的单位阶跃响应是非振荡的（亦称非周期的）。但由于它是两个惯性环节（一阶系统）串联组成，所以又不同于一阶系统的单位阶跃响应。过阻尼二阶系统的单位阶跃响应，起始速度很小，然后逐渐加大到某一值后又减小，直到趋于零，因此响应曲线有一个拐点。

对于过阻尼二阶系统的响应指标，只着重讨论 t_s，它反映了系统响应过渡过程的长短，是系统响应快速性的一个方面。确定 t_s 的表达式是很困难的，一般可由式（3.34）取相对变量 t_s/T_1 及 T_1/T_2 经计算机解算后制成曲线或表格。图 3.11 是取误差带 5% 的调节时间特性。由曲线看出，当 $T_1 = T_2$，即 $\xi = 1$ 的临界情况，调节时间 $t_s = 4.75 T_1$；当 $T_1 = 4T_2$，即 $\xi = 1.25$，调节时间 $t_s \approx 3.3 T_1$。

对于 $\xi = 1$ 的临界阻尼状态，由于 $T_1 = T_2 = \dfrac{1}{\omega_n}$，所以

$$C(s) = \frac{\omega_n^2}{(s + \omega_n)^2} \cdot \frac{1}{s} \qquad (3.35)$$

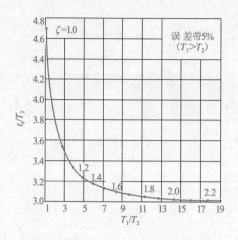

图 3.11　过阻尼二阶系统调节时间特性

取 $C(s)$ 的拉普拉斯反变换，得临界阻尼状态下二阶系统的单位阶跃响应

$$h(t) = 1 - (1 + \omega_n t)\ \mathrm{e}^{-\omega_n t} \qquad t \geqslant 0 \tag{3.36}$$

2）欠阻尼二阶系统的单位阶跃响应

对于 $0 < \xi < 1$ 的二阶系统，称为欠阻尼二阶系统。在二阶系统中，欠阻尼二阶系统尤属多见。由于欠阻尼二阶系统具有一对实部为负的共轭复特征根，时间响应呈衰减振荡特性，故又称为振荡环节。系统闭环传递函数的一般形式为

$$\frac{C(s)}{R(s)} = \frac{\omega_n^2}{s^2 + 2\xi\omega_n s + \omega_n^2} \tag{3.37}$$

由于 $0 < \xi < 1$，所以一对共轭复根为

$$\begin{aligned} s_{1,2} &= -\xi\omega_n \pm \mathrm{j}\omega_n\sqrt{1 - \xi^2} \\ &= -\sigma \pm \mathrm{j}\omega_d \end{aligned} \tag{3.38}$$

式中：$\sigma = \xi\omega_n$，为特征根实部之模值，具有角频率量纲 $\omega_d = \omega_n\sqrt{1 - \xi^2}$，称为阻尼振荡角频率，且 $\omega_d < \omega_n$，当输入信号为单位阶跃作用时：

$$C(s) = \frac{\omega_n^2}{s^2 + 2\xi\omega_n s + \omega_n^2} \cdot \frac{1}{s}$$

$$= \frac{1}{s} - \frac{s + \xi\omega_n}{(s + \xi\omega_n)^2 + \omega_d^2} - \frac{\xi\omega_n}{(s + \xi\omega_n)^2 + \omega_d^2} \tag{3.39}$$

取 $C(s)$ 的拉普拉斯反变换，得欠阻尼二阶系统的单位阶跃响应：

$$h(t) = 1 - \mathrm{e}^{-\xi\omega_n t}\left[\cos\omega_d t + \frac{\xi}{\sqrt{1 - \xi^2}}\sin\omega_d t\right]$$

$$= 1 - \frac{\mathrm{e}^{-\xi\omega_n t}}{\sqrt{1 - \xi^2}}\left[\sqrt{1 - \xi^2}\cos\omega_d t + \xi\sin\omega_d t\right] \tag{3.40}$$

由式 (3.40) 可得

$$h(t) = 1 - \frac{e^{-\xi\omega_n t}}{\sqrt{1-\xi^2}} \sin(\omega_d t + \beta), \qquad t \geqslant 0 \tag{3.41}$$

式中：$\beta = \arctan \dfrac{\sqrt{1-\xi^2}}{\xi}$

由式（3.41）可以看出，系统的响应由稳态分量与瞬态分量两部分组成。稳态分量值等于1，瞬态分量是一个随着时间 t 的增长而衰减的振荡过程，振荡角频率为 ω_d。其他取决于阻尼比 ξ 及无阻尼自然频率 ω_n。采用无因次时间 $\omega_n t$ 作为横坐标，则时间响应仅仅为阻尼比 ξ 的函数，此时，式（3.41）为

$$h(t) = 1 - \frac{e^{-\xi\omega_n t}}{\sqrt{1-\xi^2}} \sin\left[\sqrt{1-\xi^2}\,\omega_n t + \arccos\xi\right] \tag{3.42}$$

图 3.12 所示为二阶系统单位阶跃响应的通用曲线。下面根据该图来分析系统结构参数 ξ、ω_n 对阶跃响应的影响。

（1）平稳性：由曲线看出，阻尼比 ξ 越大，超调量越小，响应的振荡倾向越弱，平稳性越好。反之，阻尼比 ξ 越小，振荡越强，平稳性越差。阻尼比 ξ 和超调量 $\sigma\%$ 的关系曲线如图3.13 所示。在一定的阻尼比 ξ 下，ω_n 越大，振荡频率 ω_d 也越高，系统响应的平稳性越差。总之，要使系统单位阶跃响应的平稳性好，则要求阻尼比 ξ 大，自然频率 ω_n 小。

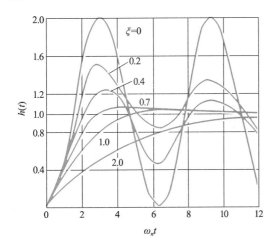

图 3.12　二阶系统单位阶跃响应的通用曲线

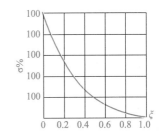

图 3.13　超调量与阻尼比关系曲线

（2）快速性：由图3.12曲线可看出，ξ 过大，例如，ξ 值接近于1，系统响应迟钝，调节时间 t_s 长，快速性差；ξ 过小，虽然响应的起始速度较快，但因为振荡强烈，衰减缓慢，调节时间亦长，快速性也不好。对于一定的阻尼比 ξ，所对应的无因次时间 $\omega_n t$ 的响应是一定的。那么 ω_n 越大，调节时间 t_s 也就越短。因此，当 ξ 一定时，ω_n 越大，快速性越好。

（3）稳态精度：式（3.41）可看出，瞬态分量随时间 t 的增长衰减到零，而稳态分量等于1，因此，上述欠阻尼二阶系统的单位阶跃响应稳态误差为零。

下面，具体定量计算欠阻尼二阶系统单位阶跃响应性能指标：

（1）上升时间 t_s：由式（3.40），令 $h(t_r)=1$，即

$$1 - \mathrm{e}^{-\xi\omega_n t_r}\left(\cos\omega_d t_r + \frac{\xi}{\sqrt{1-\xi^2}}\sin\omega_d t_r\right) = 1 \tag{3.43}$$

所以

$$\cos\omega_d t_r + \frac{\xi}{\sqrt{1-\xi^2}}\sin\omega_d t_r = 0 \tag{3.44}$$

即

$$t_r = \frac{1}{\omega_d}\arctan\left(-\frac{\sqrt{1-\xi^2}}{\xi}\right) \tag{3.45}$$

由图 3.14，可以得出

$$\beta = \arccos\xi \qquad t_r = \frac{\pi - \beta}{\omega_d} \tag{3.46}$$

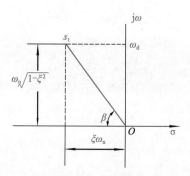

图 3.14 β 角的定义

(2) 峰值时间 t_p：式（3.41）中，$h(t)$ 对时间求导并令其为零，可得峰值时间，有

$$\left.\frac{\mathrm{d}h(t)}{\mathrm{d}t}\right|_{t=t_p} = (\sin\omega_d t_p)\frac{\omega_n}{\sqrt{1-\xi^2}}\mathrm{e}^{-\xi\omega_n t_p} = 0 \tag{3.47}$$

则

$$\sin\omega_d t_p = 0, \quad \omega_d t_p = 0, \pi, 2\pi, \cdots \tag{3.48}$$

因为峰值时间对应于出现第一个峰值的时间，所以

$$t_p = \frac{\pi}{\omega_d} \tag{3.49}$$

式（3.49）表明，峰值时间等于阻尼振荡周期的一半。

(3) 超调量 $\sigma\%$：将峰值时间表达式，即式（3.49）代入式（3.41），得输出量的最大值

$$h(t)_{\max} = h(t_p) = 1 - \frac{\omega_n}{\sqrt{1-\xi^2}}\mathrm{e}^{-\xi\omega_n t_p}\sin(\omega_d t_p + \beta)$$

$$= 1 - \frac{\mathrm{e}^{-\pi\xi/\sqrt{1-\xi^2}}}{\sqrt{1-\xi^2}}\sin(\pi+\beta) \tag{3.50}$$

由图 3.14 知

$$\sin(\pi+\beta) = -\sin\beta = -\sqrt{1-\xi^2} \qquad (3.51)$$

$$h(t_p) = 1 + e^{-\pi\xi}/\sqrt{1-\xi^2} \qquad (3.52)$$

所以超调量

$$\sigma\% = \frac{h(t_p) - h(\infty)}{h(\infty)} \times 100\%$$

$$= \frac{h(t_p) - 1}{1} \times 100\%$$

$$= \frac{e^{-\pi\xi}}{\sqrt{1-\xi^2}} \times 100\% \qquad (3.53)$$

（4）调节时间 t_s：写出调节时间 t_s 的表达式是相当困难的。t_s 不仅与阻尼比 ξ 有关，而且与自然振荡频率 ω_n 有关。若 ω_n 一定，则调节时间先随阻尼比 ξ 的增大而减小。由于 ξ 值的微小变化，可能引起调节时间的显著变化而造成曲线不连续，其示意图如图 3.15 所示。

由于实际响应的收敛速度总是比包络线要快，因此，在初步分析和设计控制系统时，经常采用近似公式计算调节时间：当阻尼比 $\xi<0.8$ 时，$t_s = \dfrac{3.5}{\xi\omega_n}$（取 5% 误差带）或 $t_s = \dfrac{4.5}{\xi\omega_n}$（取 2% 误差带）。

5．改善二阶系统响应的措施

由以上分析可知，一阶系统的响应唯一地与时间常数 T 有关。若要改善一阶系统响应的性能，只要改变时间常数 T 即可。例如，要提高一阶系统的快速性，只须减小时间常数 T。二阶系统的性能与阻尼比密切相关。所以，改善二阶系统的响应特性，一般措施是改变二阶系统的阻尼比 ξ。阻尼比 ξ 的变化，直接影响二阶系统的平稳性和快速性。常用的措施是误差信号的比例 – 微分控制和输出量的速度反馈控制。

1）误差信号的比例 – 微分控制

图 3.16 为一个具有比例 – 微分控制系统的结构图。系统输出量同时受误差信号和误差信号微分的双重控制。T_d 表示微分时间常数。

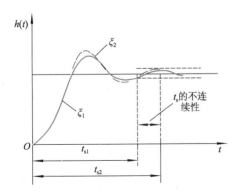

图 3.15　表示调节时间不连续的示意图

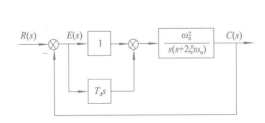

图 3.16　比例 – 微分控制的二阶系统

此时系统的开环传递函数为

$$G(s) = \frac{\omega_n^2(1+T_d s)}{s(s+\xi\omega_n)} \tag{3.54}$$

闭环传递函数为

$$\Phi(s) = \frac{\omega_n^2(T_d s+1)}{s^2 + (2\xi\omega_n + \omega_n^2 T_d)s + \omega_n^2}$$

$$= \frac{\omega_n^2(T_d s+1)}{s^2 + 2\xi'\omega_n s + \omega_n^2} \tag{3.55}$$

式中：$2\xi'\omega_n = 2\xi\omega_n + \omega_n^2 T_d$。

等效阻尼比

$$\xi' = \xi + \omega_n T_d / 2 \tag{3.56}$$

可见，由于引入了比例–微分控制，使系统的等效阻尼比加大了。从这一点来理解，比例–微分控制抑制了振荡，使超调减弱，可以改善系统的平稳性。另外，ξ 和 ω_n 决定了开环增益，适当选择开环增益和微分时间常数 T_d，可使系统既有较高的稳态精度，又有良好的平稳性，解决了稳态精度与动态性能之间的矛盾。微分作用之所以能改善动态性能，因为它产生一种早期控制（或称为超前控制），能在实际超调量出来之前，产生一个修正作用。

2）输出量的速度反馈控制

将输出量的速度信号 $c(t)$ 采用负反馈形式，反馈到输入端并与误差信号 $e(t)$ 比较，构成一个内回路，称为速度反馈控制。其结构如图 3.17 所示。速度反馈同样可以加大阻尼，改善动态性能。如果输出量是机械角位移，则可采用测速发电机，将机械量转换成正比于输出速度的电信号，从而获得速度反馈。图 3.17 是采用测速发电机反馈的二阶系统。测速发电机的传递函数用 $K_t s$ 表示。K_t 为测速发电机的输出斜率。

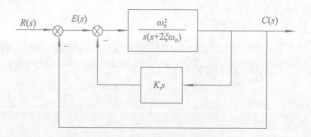

图 3.17　速度反馈控制的二阶系统

由图 3.19 写出系统闭环传递函数为

$$\frac{C(s)}{R(s)} = \frac{\omega_n^2}{s^2 + (2\xi\omega_n + K_t\omega_n^2)s + \omega_n^2} \tag{3.57}$$

特征式的一次项系数为 $2\xi\omega_t + K_t\omega_n^2$，等效阻尼比

$$\xi_t = \xi + K_t\omega_n / 2 \tag{3.58}$$

由于 $\xi_t > \xi$，故使系统的等效阻尼加大，振荡倾向和超调量减小，改善了系统的平稳性。

由于速度反馈控制的系统闭环传递函数没有零点，所以其输出响应的平稳性与反馈系数

K_t 的关系比较简单，易于调整。但环节 $K_t s$ 的加入，会使系统开环放大系数降低，这时系统在跟踪斜坡输入时的稳态误差将会增加。所以，在设计速度反馈控制系统时，一般可适当增大原来系统的开环增益，以补偿速度反馈控制引起的开环增益损失，同时适当选择反馈系数 K_t，使阻尼比 ξ 比较合适，例如使 $\xi \approx 0.7$ 左右，从而使各项性能指标均能符合要求。速度反馈控制可采用测速发电机、速度传感器、RC 网络与位置传感器的组合等部件来实现。

3）比例－微分控制和速度反馈控制比较

从实现的角度来看，比例－微分控制的线路结构比较简单，成本低；而速度反馈控制部件则较昂贵。从抗干扰能力来说，比例－微分控制抗干扰能力差，系统输入端噪声容易造成信号的严重失真，甚至堵塞有用信号；而速度反馈信号引自经过具有较大惯量的控制对象（如电动机）滤波后的输出端，噪声成分很弱，所以抗干扰能力强。从控制性能比较，两者均能改善系统的平稳性，但是在相同的阻尼比 ξ 和自然频率 ω_n 下，采用速度反馈会使系统的开环增益下降，这是不足之处，然而它却能使内回路中被包围部件的非线性特性、参数漂移等不利影响大大削弱。因此，速度反馈控制在系统中得到了广泛的应用。

三、任务分析与实施

 训练任务④

针对本学习任务的任务导入中提出的直线一级倒立摆系统进行数学建模，并分析其动态性能。

分析与实施

在忽略了空气阻力和各种摩擦之后，可将直线一级倒立摆系统抽象成小车和匀质杆组成的系统，如图 3.18 所示。做以下假设：

M—— 小车质量；

m—— 摆杆质量；

b—— 小车摩擦因数；

I—— 摆杆惯量；

F—— 加在小车上的力；

x—— 小车位置；

φ—— 摆杆与垂直向上方向的夹角；

θ 摆杆与垂直向下方向的夹角（考虑到摆杆初始位置为竖直向下）。

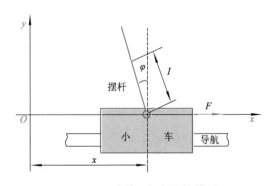

图 3.18 直线一级倒立摆模型

系统中小车和摆杆的受力分析图是图 3.19(a)。其中，N 和 P 为小车与摆杆相互作用力的水平和垂直方向的分量。注意：在实际倒立摆系统中检测和执行装置的正负方向已经完全确定，因而矢量方向定义如图 3.19(b) 所示，图示方向为矢量正方向。

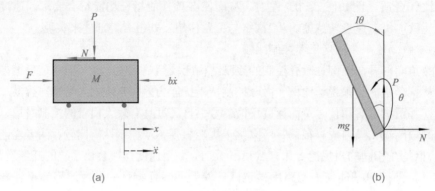

(a)   (b)

图 3.19　小车及摆杆受力分析

分析小车水平方向所受的合力，可以得到以下方程：

$$M\ddot{x} = F - b\dot{x} - N \tag{3.59}$$

由摆杆水平方向的受力进行分析可以得到下面等式：

$$N = m\frac{\mathrm{d}^2}{\mathrm{d}t^2}(x + l\sin\theta) \tag{3.60}$$

即

$$N = m\ddot{x} + ml\ddot{\theta}\cos\theta - ml\dot{\theta}^2\sin\theta \tag{3.61}$$

把这个等式代入式 (3.59) 中，就得到小车运动方程：

$$(M+m)\ddot{x} + b\dot{x} + ml\ddot{\theta}\cos\theta - ml\dot{\theta}^2\sin\theta = F \tag{3.62}$$

为了推出摆杆的运动方程，对摆杆垂直方向上的合力进行分析，可以得到下面方程：

$$P - mg = m\frac{\mathrm{d}^2}{\mathrm{d}t^2}(l\cos\theta) \tag{3.63}$$

$$P - mg = -ml\ddot{\theta}\sin\theta - ml\dot{\theta}^2\cos\theta \tag{3.64}$$

力矩平衡方程如下：

$$-Pl\sin\theta - Nl\cos\theta = I\ddot{\theta} \tag{3.65}$$

注意：方程中力矩的方向，由于 $\theta = \pi + \varphi$，$\cos\varphi = -\cos\theta$，$\sin\varphi = -\sin\theta$

把式 (3.64) 和式（3.61）代入式 (3.65)，约去 P 和 N，得到摆杆运动方程：

$$(I + ml^2)\ddot{\theta} + mgl\sin\theta = -ml\ddot{x}\cos\theta \tag{3.66}$$

设 $\theta = \pi + \varphi$（φ 是摆杆与垂直向上方向之间的夹角），假设 φ 与 1（单位是弧度）相比很小，即 $\varphi \ll 1$，则可以进行线性化近似处理：

$$\cos\theta = -1 \qquad \sin\theta = -\varphi \qquad \sin\theta = -\varphi\left(\frac{\mathrm{d}\theta}{\mathrm{d}t}\right)^2 = 0$$

用 u 来代表被控对象的输入力 F，线性化后两个运动方程如下：

$$\begin{cases} (I+ml^2)\ddot{\varphi}-mgl\varphi=ml\ddot{x} \\ (M+m)\ddot{x}+b\dot{x}-ml\ddot{\varphi}=u \end{cases}$$

进行拉普拉斯变换，得

$$\begin{cases} (I+ml^2)\varPhi(s)s^2-mgl\varPhi(s)=mlX(s)s^2 \\ (M+m)X(s)s^2+bX(s)s-ml\varPhi(s)s^2=U(s) \end{cases} \quad (3.67)$$

由于输出为角度 φ，求解方程组的第一个方程，可以得到

$$X(s)=\left[\frac{(I+ml^2)}{ml}-\frac{g}{s^2}\right]\varPhi(s)$$

即

$$\frac{\varPhi(s)}{X(s)}=\frac{mls^2}{(I+ml^2)s^2-mgl} \quad (3.68)$$

式（3.68）称为摆杆角度与小车位移的传递函数。

如令 $v=\ddot{x}$，则有

$$\frac{\varPhi(s)}{V(s)}=\frac{ml}{(I+ml^2)s^2-mgl} \quad (3.69)$$

式（3.69）称为摆杆角度与小车加速度间的传递函数，由于伺服电动机的速度控制易于实现，所以在实验中常采用此式。

把式（3.68）代入式（3.67）的第二个方程中，得到

$$(M+m)\left\{\frac{(I+ml^2)}{ml}-\frac{g}{s}\right\}\varPhi(s)s^2+b\left\{\frac{(I+ml^2)}{ml}-\frac{g}{s^2}\right\}\varPhi(s)s-ml\varPhi(s)s^2=U(s)$$

$$\frac{\varPhi(s)}{U(s)}=\frac{\dfrac{ml}{q}s}{s^3+\dfrac{b(I+ml^2)}{q}s^2-\dfrac{(M+m)mgl}{q}s-\dfrac{bmgl}{q}} \quad (3.70)$$

式中：$q=\left[(M+m)(I+ml^2)-(ml)^2\right]$。

式 (3.70) 称为摆杆角度与外加作用力间的传递函数。

对于实际系统，模型参数值如下：

M——小车质量，1.096 kg；

m——摆杆质量，0.109 kg；

b——小车摩擦因数，0.1 N/s；

l——摆杆转动轴心到杆质心的长度，0.25 m；

I——摆杆惯量，0.0034 kg·m²。

把上述参数代入，可以得到系统的实际模型。

摆杆角度和小车位移的传递函数：

$$\frac{\varPhi(s)}{X(s)}=\frac{0.02725s^2}{0.0102125s^2-0.26705} \quad (3.71)$$

摆杆角度和小车加速度之间的传递函数为

$$\frac{\Phi(s)}{V(s)} = \frac{0.02725}{0.0102125s^2 - 0.26705} \tag{3.72}$$

摆杆角度和小车所受外界作用力的传递函数为

$$\frac{\Phi(s)}{U(s)} = \frac{2.35655s}{s^3 + 0.0883167s^2 - 27.9169s - 2.30942} \tag{3.73}$$

小车位置和加速度的传递函数为

$$\frac{X(s)}{V(s)} = \frac{1}{s^2} \tag{3.74}$$

1．摆杆角度为输出响应的时域分析

本系统采用以小车的加速度作为系统的输入，摆杆角度为输出响应（见图 3.20 和图 3.21），此时的传递函数为

$$\frac{\Phi(s)}{V(s)} = \frac{ml}{(I + ml^2)s^2 - mgl} = \frac{0.02725}{0.0102125s^2 - 0.26705} \tag{3.75}$$

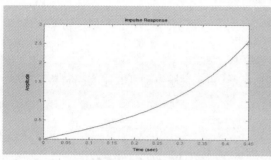 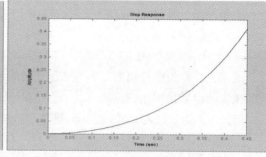

图 3.20　摆杆角度的单位脉冲响应曲线图　　　图 3.21　摆杆角度的单位阶跃响应曲线图

2．小车位置为输出响应的时域分析

采用以小车的加速度作为系统的输入，小车位置为响应（见图 3.22 和图 3.23），则此时的传递函数为

$$\frac{X(s)}{V(s)} = \frac{1}{s^2} \tag{3.76}$$

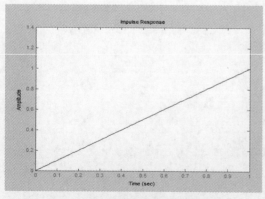 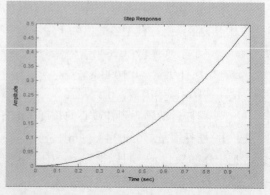

图 3.22　小车位置的单位脉冲响应曲线图　　　图 3.23　小车位置的单位阶跃响应曲线图

由于以上时域分析中所有的传递函数的响应图都是发散的，所以系统不稳定，需要校正。

任务三　控制系统的稳态性能

一、任务导入

一个控制系统，一旦受到外界或内部扰动（如负载、能源的波动），就偏离原来的工作状态，并且越偏越远，在扰动消失后，也不能恢复到原来状态。这类现象称为系统的不稳定现象。显然，一个不稳定的系统是无法工作的。因此提出讨论系统的稳定性问题。稳定性是控制系统的重要性能，是系统正常工作的首要条件。因此，分析系统的稳定性，并提出保证系统稳定的条件，是设计控制系统的基本任务之一。

本学习任务训练学生掌握系统稳定性概念、稳定的充分与必要条件、劳斯稳定判据，能够利用劳斯判据判别系统的稳定性。

二、相关知识点

1．稳定性概念

如图 3.24(a) 所示小球在一个光滑凹面里，原来平衡位置为 A_0。当小球受到外力作用后偏离 A_0，外力取消后，在重力和空气阻力的作用下，小球经过几次来回振荡，最终可以回到原平衡位置 A_0，称具有这种特性的平衡是稳定的。反之，如图 3.24(b) 所示，就是不稳定的。

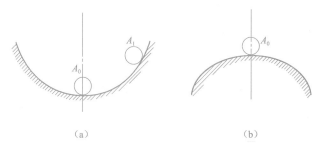

(a)　　　　　　　　　　　(b)

图 3.24　稳定平衡和不稳定平衡

可以将上述小球的稳定概念推广到控制系统。如果系统受到扰动，偏离了原来的平衡状态，产生偏差，而当扰动消失之后，系统又能够逐渐恢复到原来的平衡状态，则称系统是稳定的，或具有稳定性。若扰动消失后，系统不能恢复原来的平衡状态，甚至偏差越来越大，则称系统是不稳定的，或不具有稳定性。稳定性是当扰动消失以后，系统自身的一种恢复能力，是系统的一种固有特性。对线性定常系统来讲，这种固有的稳定性只取决于系统的结构、参数，而与初始条件及外作用无关。

2．稳定的充分与必要条件

设系统传递函数的一般表达式为

$$\Phi(s) = \frac{C(s)}{R(s)} = \frac{b_0 s^m + b_1 s^{m-1} + \cdots + b_{m-1} s + b_m}{a_0 s^n + a_1 s^{n-1} + \cdots + a_{n-1} s + a_n} \quad (n \geqslant m) \tag{3.77}$$

设 $R(s) = 1/s$，则有

$$C(s) = \Phi(s) R(s) = \frac{b_0 s^m + b_1 s^{m-1} + \cdots + b_{m-1} s + b_m}{a_0 s^n + a_1 s^{n-1} + \cdots + a_{n-1} s + a_n} \cdot \frac{1}{s}$$

$$= \frac{A_0}{s} + \frac{A_1}{s - s_1} + \cdots + \frac{A_n}{s - s_n} \tag{3.78}$$

式中：S_i 为特征方程的根。

对式（3.78）进行拉普拉斯逆变换，得系统的响应为

$$c(t) = A_0 + A_1 e^{s_1 t} + \cdots + A_n e^{s_n t} \qquad (3.79)$$

其中，第一项为输入引起的输出稳态分量，其余各项均为系统输出的瞬态分量。显然，处于平衡状态下的稳定系统，其输出瞬态分量应该均为零。由式 (3.79) 可知，要做到这一点，必须满足 $\lim\limits_{t \to \infty} e^{s_i t} \to 0$。所以，系统稳定的充分与必要条件是：系统所有特征根的实部小于零，即其特征值都在 s 左半平面。

3. 稳定性判据

根据稳定的数学条件判别系统的稳定性，必须知道系统所有特征根的符号。若能解出全部特征根，则立即可以断定系统是否稳定。然而，对于高阶系统，求特征根的难度是相当大的。因此，常常希望使用一种不必解出特征根，而直接可判断出根是否在 s 平面的虚轴之左的方法。所以对于高阶系统，可根据特征方程的各项系数来确定方程的根是否具有正实部，这就是劳斯稳定判据的基本思想。

劳斯稳定判据是根据闭环特征方程式的各项系数，按一定规则列成劳斯表，然后根据表中第一列系数正、负符号的变化情况来判别系统的稳定性。

若系统的特征方程为

$$a_0 s^n + a_1 s^{n-1} + \cdots + a_{n-1} s + a_n = 0 \qquad (3.80)$$

则劳斯表中各项系数如表所列。

$$
\begin{array}{cccccc}
s^n & a_0 & a_2 & a_4 & \cdots \\
s^{n-1} & a_1 & a_3 & a_5 & \cdots \\
s^{n-2} & b_{31} & b_{32} & b_{33} & \cdots \\
s^{n-3} & b_{41} & b_{42} & b_{43} & \cdots \\
\vdots & \vdots & \vdots & \vdots & \vdots \\
s^0 & b_{n1}
\end{array} \qquad (3.81)
$$

从第三行开始，各元素的计算按下列规律推算：

$$b_{31} = \frac{a_1 a_2 - a_0 a_3}{a_1}$$

$$b_{32} = \frac{a_1 a_4 - a_0 a_5}{a_1}$$

$$b_{41} = \frac{b_{31} a_3 - a_1 b_{32}}{b_{31}}$$

$$b_{42} = \frac{b_{31} a_5 - a_1 b_{33}}{b_{31}}$$

以此类推，可求出各元素。

系统稳定的充分必要条件是劳斯表中第一列所有元素符号相同（但不为零）。并且该列中数值符号改变的次数等于特征方程中正实部根的数目。

当运用劳斯判据分析系统的稳定性时，有时会遇到特殊情况，使劳斯表中的有关运算无法

进行下去。例如：在劳斯表的中间某一行中，第一列项为零，或者在劳斯表的中间某一行中，所有各个元素均为零。在这两种特殊情况下，无法通过计算得到劳斯表中下一行的系数，从而使劳斯判据的应用受到限制。因此，必须进行一些相应的数学处理，原则是不能影响劳斯判据的结果。

如果劳斯表中某行的第一列项为零，而其余各项不为零，或不全为零，那么下一行的元素会变成无穷大，使劳斯判据的应用失效。这时，可以用因子 $(s+a)$ 乘原特征方程，其中 a 可为任意正数。再对新的特征方程应用劳斯判据，则可以避免这种情况的出现。

如果劳斯表中出现全零行，表明特征方程中存在一些大小相等，但位置相反的根，例如：存在两个大小相等、符号相反的实根和（或）一对共轭虚根，或者是对称于实轴的两对共轭复根。这时，可用全零行上一行的系数构造一个辅助方程，对其求导，用所得方程的系数代替全零行，便可按劳斯稳定判据的要求继续运算下去，直到得出全部劳斯表。辅助方程的次数通常为偶数，它表明数值相同、符号相反的根数。所有这些数值相同、符号相反的根，都可以从辅助方程中求出。

4．结构不稳定及改进措施

某些系统，仅仅靠调整参数仍无法稳定，称结构不稳定系统。举例说明，如图 3.25 所示某一液位控制系统的结构图，图中 K_0/s 为控制对象水箱的传递函数；K_1 为进水阀门的传递系数；K_p 为杠杆比；$K_m/[s(T_m s+1)]$ 为执行电动机的传递函数。H_0 为希望的液面高度；H 为实际的液面高度。

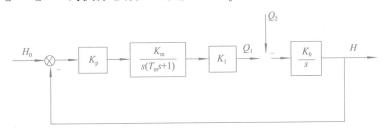

图 3.25　液位控制系统结构图

由结构图可写出系统的闭环特征方程为

$$T_m s^3 + s^2 + K = 0 \qquad (3.82)$$

式中：$K = K_p K_m K_1 K_0$。

特征方程的系数为

$$a_0 = T_m, \quad a_1 = 1, \quad a_2 = 0, \quad a_3 = K \qquad (3.83)$$

由于 $a_2=0$，不满足系统稳定的必要条件，所以系统是不稳定的，且无论怎样调整参数 K 和 T_m 都不能使系统稳定，所以是一个结构不稳定的系统。欲使系统稳定，必须改变原系统的结构。

由图 3.27 看出，造成系统结构不稳定的原因是前向通路中有两个积分环节串联，而传递函数的分子只有增益 K。这样，造成系统闭环特征方程缺项，即 s 一次项系数为零。

因此，消除结构不稳定的措施可以有两种，一是改变积分性质，另一是引入比例 - 微分控制，补上特征方程中的缺项。

1）改变环节的积分性质

用比例反馈来包围有积分作用的环节。如图 3.26 所示，在积分环节外面加单位负反馈。

这时，环节的传递函数变为 $\dfrac{C(s)}{R(s)} = \dfrac{1}{s+1}$，从而使原来的积分环节变成了惯性环节。积分性质的被破坏，改善了系统的稳定性，但会使系统的稳态精度下降，因此常采用第二种措施。

2）引入比例 - 微分控制

在原系统的前向通路中引入比例 - 微分控制，如图 3.27 所示。

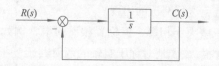

图 3.26　系统中引入单位负反馈环节

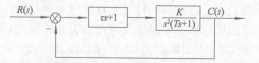

图 3.27　系统中引入比例 - 微分控制

其闭环传递函数

$$\Phi(s) = \frac{K(\tau s + 1)}{Ts^3 + s^2 + K\tau s + K} \tag{3.84}$$

列出劳斯表：

$$
\begin{array}{lll}
s^3 & T & Kt \\
s^2 & 1 & K \\
s^1 & K(\tau - T) & \\
s^0 & K &
\end{array}
\tag{3.85}
$$

系统的稳定条件：

$$
\begin{cases}
\tau - T > 0 \\
K > 0
\end{cases}
$$

即

$$
\begin{cases}
\tau > T \\
K > 0
\end{cases}
\tag{3.86}
$$

故，只要适当匹配参数、满足上述条件，系统就可以稳定。

三、任务分析与实施

训练任务⑤

设系统特征方程为 $s^4 + 2s^3 + 3s^2 + 4s + 5 = 0$，试用劳斯判据判别该系统的稳定性，并确定正实部根的数目。

分析与实施

将特征方程系数列成劳斯表：

$$
\begin{array}{lll}
s^4 & 1 & 3 & 5 \\
s^3 & 2 & 4 & 0 \\
s^2 & \dfrac{2 \times 3 - 1 \times 4}{2} = 1 & 5 \\
s^1 & \dfrac{1 \times 4 - 2 \times 5}{1} = -6 & \\
s^0 & 5 &
\end{array}
$$

因为劳斯表中第一列元素不同号，所以系统不稳定。由于第一列中计算值符号改变两次，所以特征方程有两个具有正实部的根。

训练任务 6

设系统特征方程为 $s^3 - 3s + 2 = 0$，试用劳斯判据确定正实部根的个数。

分析与实施

因为 s^2 项系数为零，且 s 项系数为负，由稳定的必要条件知，该系统是不稳定的。为了具体确定正实部根的个数，列出劳斯表如下：

$$
\begin{array}{ccc}
s^3 & 1 & -3 \\
s^2 & 0 & 2 \\
s^1 & \infty &
\end{array}
$$

由表可见，因为第二行中的第一列项为零，所以第三行中的第一列项为无穷大。为避免这种情况，用 $(s+3)$ 乘原特征方程，得新特征方程为 $s^4 + 3s^3 - 3s^2 - 7s + 6 = 0$

列出新劳斯表如下：

$$
\begin{array}{cccc}
s^4 & 1 & -3 & 6 \\
s^3 & 3 & -7 & 0 \\
s^2 & -\dfrac{2}{3} & 6 & 0 \\
s^1 & 20 & 0 & \\
s^0 & 6 & &
\end{array}
$$

由该表可知，第一列有两次符号变化，故方程有两个正实部根。

训练任务 7

已知系统特征方程为 $s^6 + s^5 - 2s^4 - 3s^3 - 7s^2 - 4s - 4 = 0$，试确定正实部根个数。

分析与实施

根据特征方程系数，列出劳斯表如下：

$$
\begin{array}{ccccc}
s^6 & 1 & -2 & -7 & -4 \\
s^5 & 1 & -3 & -4 & \\
s^4 & 1 & -3 & -4 & \\
s^3 & 0 & 0 & 0 &
\end{array}
$$

由于出现全零行，故用上一行系数组成辅助多项式 $P(s) = s^4 - 3s^2 - 4$，取辅助多项式对变量 s 求导，得 $\dfrac{\mathrm{d}P(s)}{\mathrm{d}s} = 4s^3 - 6s$。

用上述多项式的系数替换原来表中的零行，然后再按正常规则计算下去，得到

s^6	1	-2	-7	-4
s^5	1	-3	-4	
s^4	1	-3	-4	
s^3	4	-6	0	
s^2	-1.5	-4		
s^1	-16.7	0		
s^0	-4			

因为在劳斯表的第一列各系数中，只有一次符号变化，所以本例特征方程只有一个正实部根。劳斯表中某行的元素同乘某正数，不影响对系统稳定的判断。

任务四　控制系统的稳态误差

一、任务导入

稳态性能是控制系统的又一重要特性，它表征了系统跟踪输入信号的准确度或抑制扰动信号的能力。而稳态误差的大小，是衡量系统性能的重要指标。系统的稳态误差与系统本身的结构、参数以及外作用的形式密切相关。

本任务训练学生掌握稳态误差的概念，能够求解系统的稳态误差。

二、相关知识点

1. 误差与稳态误差

系统典型结构如图 3.28 所示，系统的误差 $e(t)$ 一般定义为期望值与实际值之差，即 $e(t)=$ 期望值 – 实际值。

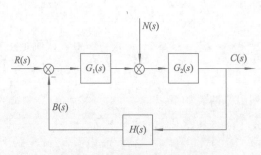

图 3.28　控制系统的典型结构

通常，系统的给定值即输入量与输出量为不同的物理量，因此系统的误差不直接用它们的差值来表示，而是用给定值与反馈值的差值来定义，即

$$e(t)=r(t)-b(t) \tag{3.87}$$

式中：$r(t)$ 为期望值；$b(t)$ 为实际值。

$e(t)$ 也常称为系统的误差响应，它反映了系统在跟踪输入信号 $r(t)$ 和抑止扰动信号 $n(t)$ 的能力和精度。求解误差响应 $e(t)$ 与求系统输出 $e(t)$ 一样，对于高阶系统是相当困难的。然而，如果我们关心的只是系统控制过程平稳下来以后的误差，也就是系统误差响应的瞬态分量消失以后的稳态误差。稳态误差是衡量系统最终控制精度的重要的性能指标，即

$$e_{ss} = \lim_{t \to \infty} e(t) \tag{3.88}$$

由拉氏终值定理得

$$e_{ss} = \lim_{s \to 0} sE(s) \tag{3.89}$$

2. 系统类型

由于稳态误差与系统结构及输入信号的形式有关，对于一个给定的稳定的系统，当输入信号形式一定时，系统是否存在误差就取决于开环传递函数描述的系统结构。

设开环传递函数有以下形式：

$$G(s)H(s) = \frac{K \prod_{i=1}^{m}(\tau_i s + 1)}{s^v \prod_{j=1}^{n-v}(T_j s + 1)} \tag{3.90}$$

式中：v 是开环传递函数积分环节的数目（或称无差度）。

控制系统按 v 的不同值可分为：

(1) 当 $v=0$ 时，系统是 0 型系统（有差系统）；

(2) 当 $v=1$ 时，系统是 I 型系统（一阶无差系统）；

(3) 当 $v=2$ 时，系统是 II 型系统（二阶无差系统）。

v 大于 2 的系统很少见，v 的大小反映了系统跟踪阶跃信号、斜坡输入信号、抛物线输入信号的能力。系统的无差度越高，系统的稳态误差越小，但稳定性变差。

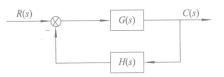

图 3.29　闭环控制系统

在图 3.29 中，参考输入作用下的稳态误差（又称为跟随稳态误差）为

$$e_{ssr} = \lim_{t \to \infty} e(t) = \lim_{s \to 0} sE(s) = \lim_{s \to 0}\left[\frac{sR(s)}{1 + G(s)H(s)}\right] \tag{3.91}$$

1）阶跃输入时的稳态误差 e_{ssr} 与静态误差系数 K_p

在单位阶跃输入下，$R(s) = \dfrac{1}{s}$，由输入信号引起的稳态误差为

$$e_{ssr} = \lim_{s \to 0}\left[\frac{s}{1 + G(s)H(s)} \cdot \frac{1}{s}\right] = \frac{1}{1 + G(0)H(0)} \tag{3.92}$$

令

$$K_p = \lim_{s \to 0} G(s)H(s) = G(0)H(0) \tag{3.93}$$

K_p 称为静态位置误差系数，则稳态误差可写成

$$e_{ssr} = \frac{1}{1 + K_p} \tag{3.94}$$

对于 0 型系统：$K_p=K$，$e_{ssr} = \dfrac{1}{1 + K}$；

对于 I 型系统：$K_p= \infty$，$e_{ssr}=0$；

对于 II 型系统：$K_p= \infty$，$e_{ssr}=0$。

2）斜坡（等速）输入信号作用时的稳态误差 e_{ssr} 与静态误差系数 K_v

在单位斜坡输入下，$R(s)=1/s^2$，由输入信号引起的稳态误差为

$$e_{ssr} = \lim_{s \to 0}\left[\frac{s}{1+G(s)H(s)} \cdot \frac{1}{s^2}\right] = \frac{1}{\lim_{s \to 0} sG(s)H(s)} \tag{3.95}$$

令

$$K_v = \lim_{s \to 0} sG(s)H(s) \tag{3.96}$$

式中：K_v 称为静态速度误差系数，则稳态误差可写成

$$e_{ssr} = \frac{1}{K_v} \tag{3.97}$$

对于 0 型系统：$K_v=0$，$e_{ssr} = \infty$，不能正常跟踪斜坡函数输入；

对于 I 型系统：$K_v=K$，$e_{ssr} = \dfrac{1}{K}$；

对于 II 型系统：$K_v = \infty$，$e_{ssr} = 0$。

3）抛物线（加速度）输入信号作用时的稳态误差 e_{ssr} 与静态误差系数 K_a

在单位抛物线输入下，$R(s)=1/s^3$，由输入信号引起的稳态误差为

$$e_{ssr} = \lim_{s \to 0}\left[\frac{s}{1+G(s)H(s)} \cdot \frac{1}{s^3}\right] = \frac{1}{\lim_{s \to 0} s^2 G(s)H(s)} \tag{3.98}$$

令

$$K_a = \lim_{s \to 0} s^2 G(s)H(s) \tag{3.99}$$

K_a 称为加速度误差系数，则稳态误差可写成

$$e_{ssr} = \frac{1}{K_a} \tag{3.100}$$

对于 0 型系统：$K_a=0$，$e_{ssr} = \infty$；

对于 I 型系统：$K_a=0$，$e_{ssr} = \infty$；

对于 II 型系统：$K_a=K$，$e_{ssr} = \dfrac{1}{K}$。

加速度输入时，0 型和 I 型皆无法正常工作，其稳态误差趋于无穷大。

3．扰动输入信号作用下的稳态误差

扰动输入信号作用的稳态误差又称为扰动误差。图 3.30 所示框图扰动量为 $D(s)$。

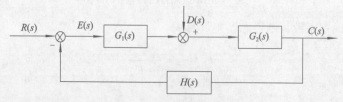

图 3.30　有扰动的控制系统

误差信号为

$$E_d(s) = -C(s)H(s) = -\frac{G_2(s)H(s)}{1+G_1(s)G_2(s)H(s)} \cdot D(s) \quad (3.101)$$

式（3.101）还可以写成

$$\frac{E(s)}{D(s)} = -\frac{G_2(s)H(s)}{1+G_1(s)G_2(s)H(s)}$$

扰动引起的稳态误差为

$$e_{ssd} = \lim_{s \to 0} sE_d(s) = \lim_{s \to 0}\left[-\frac{sG_2(s)H(s)}{1+G_1(s)G_2(s)H(s)} \cdot D(s)\right] \quad (3.102)$$

对于图 3.31 所示系统，如果给定的输入信号和扰动信号同时作用，由式 (3.91) 和式 (3.102) 还可知总的稳态误差为

$$e_{ss} = e_{ssr} + e_{ssd} = \lim_{s \to 0}\left[\frac{sR(s)}{1+G(s)H(s)}\right] + \lim_{s \to 0}\left[-\frac{sG_2(s)H(s)}{1+G_1(s)G_2(s)H(s)} \cdot D(s)\right] \quad (3.103)$$

式（3.103）第一项是给定信号引起的误差，第二项是由于干扰引起的误差。

三、任务分析与实施

 训练任务 8

已知系统的结构如图所示，求 $R(s) = \dfrac{1}{s} + \dfrac{1}{s^2}$ 时系统的稳态误差。

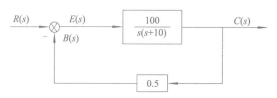

图 3.31　系统结构图

分析与实施

系统的开环传递函数如下：

$$G(s)H(s) = \frac{100 \times 0.5}{s(s+10)} = \frac{5}{s(0.1s+1)}$$

$R_1(s) = \dfrac{1}{s}$ 时，$K_p = \lim_{s \to 0} G(s)H(s) = \lim_{s \to 0} \dfrac{5}{s(0.1s+1)} = \infty$，$e_{ss1} = \dfrac{1}{1+K_p} = 0$

$R_1(s) = \dfrac{1}{s^2}$ 时，$K_v = \lim_{s \to 0} G(s)H(s) = \lim_{s \to 0} \dfrac{5}{s(0.1s+1)} = 5$，$e_{ss2} = 0.2$

系统总的稳态误差 $e_{ssr} = e_{ss1} + e_{ss2} = 0.2$。

也可根据系统的型别以及输入信号的阶次来求取误差。此系统为 I 型系统，在阶跃输入 $R_1(s) = \dfrac{1}{s}$ 作用下的误差 $e_{SS1}=0$；在斜坡输入 $R_1(s) = \dfrac{1}{s^2}$ 作用下的误差 $e_{ss2} = \dfrac{1}{K} = \dfrac{1}{5} = 0.2$，故系统总误差为 0.2。

小　结

时域分析法具有直观、准确的优点，并且可以提供系统时间响应的全部信息，因此是控制系统分析的基本方法。

对于线性定常系统，系统稳定的充分必要条件是：系统的所有特征根必须具有负实部，即系统闭环传递函数的所有极点必须位于 s 平面左半部。在采用时域分析系统稳定性时，常用代数判据有劳斯稳定判据等。

系统的动态性能反映了当系统施加输入信号后，输出信号从零变化到稳态值的动态响应过程的优劣。系统的稳定性能反映了当系统施加输入信号后，当时间 t 趋于无穷时，系统输出量最终复现输入量的精确程度。

在采用时域法分析控制系统性能时，通常选用阶跃信号作为系统的输入试验信号。常用的系统性能指标有延迟时间 t_d、上升时间 t_r、峰值时间 t_p、调节时间 t_s、超调量 $\sigma\%$ 和稳态误差 e_{ss}。同时可以通过 MATLAB 软件进行控制系统的性能分析。

通过本单元的学习，应能够做到如下几点：

(1) 正确理解时域响应的性能指标、稳定性、系统的型别等概念。

(2) 熟练掌握一阶系统的数学模型和典型时域响应的特点，并能计算其性能指标和结构参数。

(3) 熟练掌握二阶系统的数学模型和阶跃响应的特点，并能计算其在欠阻尼状态下的时域性能指标和结构参数。

(4) 正确理解线性定常系统的稳定概念和稳定的充分必要条件，能熟练地应用劳斯判据判定系统的稳定性。

(5) 正确理解和重视系统稳态误差的定义并能熟练掌握稳态误差的计算方法。

(6) 掌握改善系统动态性能的措施。

思考与练习

3-1　已知系统特征方程如下所示，试分析系统的稳定性。

（1） $s^3 + 20s^2 + 9s + 200 = 0$ ；

（2） $s^5 + 3s^4 + 12s^3 + 24s^2 + 32s + 48 = 0$ 。

3-2　控制系统结构图如图 3.32 所示，试确定使系统稳定的 K 值范围。

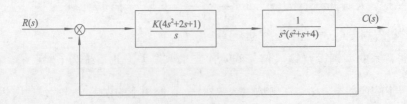

图 3.32　题 3-2 图

3-3　已知单位负反馈系统的开环传递函数如下所示，试计算动态性能指标峰值时间 t_p、调

节时间 t_s、超调量 $\sigma\%$ 。

$$G(s) = \frac{1000}{s^2 + 34.5s + 1000}$$

3-4 设二阶系统的单位阶跃响应曲线如图 3.33 所示，试确定系统的传递函数。

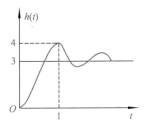

图 3.33 题 3-4 图

3-5 已知单位负反馈的开环传递函数如下所示，试求系统 $r(t)=1+t+t^2$ 时的稳态误差。

（1） $G(s) = \dfrac{50}{(2s+1)(0.1s+1)}$ ；（2） $G(s) = \dfrac{10}{s(0.5s+1)(0.1s+1)}$ 。

3-6 已知系统结构如图 3.34 所示，误差定义为 $e=r-c$。若使系统对 $r(t)=l(t)$ 时无稳态误差，试选择 K_2 的值。

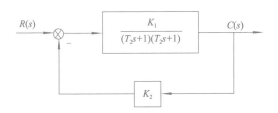

图 3.34 题 3-6 图

3-7 设系统如图 3.35 所示，其中扰动信号 $n(t)=l(t)$。是否可以选择某一合适的 K 值，使系统在扰动作用下的稳态误差为 $e_{ssn}=-0.099$ ？

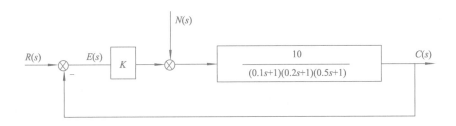

图 3.35 题 3-7 图

自动控制系统的根轨迹法

学习目标

（1）掌握根轨迹的基本概念。

（2）能运用根轨迹图对控制系统进行分析。

（3）理解控制系统闭环零点、极点与开环零点、极点的含义及其之间的关系。

（4）理解控制系统的根轨迹方程。

（5）掌握根轨迹绘制的基本法则。

（6）掌握广义根轨迹图，包括参数根轨迹和零度根轨迹图的绘制方法。

知识重点

（1）180°根轨迹的绘制。

（2）参数根轨迹的绘制。

（3）0°根轨迹的绘制。

知识难点

（1）根轨迹的绘制。

（2）利用根轨迹分析控制系统。

建议学时

12学时。

单元结构图

单元四　自动控制系统的根轨迹法

任务一　根轨迹的基本概念

任务二　绘制根轨迹的基本法则

任务三　参数根轨迹

任务四　零度根轨迹

任务五　运用根轨迹图分析控制系统性能

任务一　根轨迹的基本概念

一、任务导入

为解析系统，需要知道如果系统中参数开环增益系数发生变化，特征方程的根会如何变化，系统稳定性将发生怎样改变。要解决这样一个问题，反复计算高阶代数方程的根是完全不现实的。即使采用劳斯－赫尔维兹判据也需要反复计算劳斯阵，其过程也很复杂。尹文斯（W.R.Evans）于1948年提出了一种求解闭环特征方程根的简便图解方法，即根轨迹法。那究竟什么是根轨迹呢？根轨迹与系统性能之间存在什么关系呢？如何确定根轨迹方程呢？

二、相关知识点

1. 根轨迹的概念

系统开环传递函数的某一参数在 $0 \to \infty$ 变化时，闭环特征根在 s 平面上移动的轨迹，称为根轨迹。一般取开环增益 K 为可变参数。

下面以图 4.1 所示系统为例，介绍根轨迹概念：

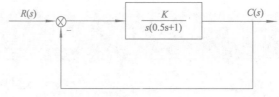

$$R(s) \quad \xrightarrow{\quad -\quad} \quad \boxed{\frac{K}{s(0.5s+1)}} \quad \xrightarrow{\quad} \quad C(s)$$

图 4.1　控制系统

系统闭环传递函数为

$$\phi(s) = \frac{C(s)}{R(s)} = \frac{2K}{s^2 + 2s + 2K}$$

则闭环特征方程 $s^2+2s+2K=0$ 的特征根为

$$s_1 = -1 + \sqrt{1-2K}$$

$$s_2 = -1 - \sqrt{1-2K}$$

令开环增益 K 在 $0 \to \infty$ 变化时，闭环特征根 s_1、s_2 在 s 平面上移动的轨迹分析如下：

当 $K=0$ 时，$s_1=0$，$s_2=-2$；

当 $K=0.5$ 时，$s_1=-1$，$s_2=-1$；

当 $K=1$ 时，$s_1=-1+j$，$s_2=-1-j$；

当 $K \to \infty$ 时，$s_1=-1+j\infty$，$s_2=-1-j\infty$。

将以上计算结果标注在 s 平面上，并用平滑曲线将其连接起来，便得到 K 在 $0 \to \infty$ 变化时闭环特征根 s_1、s_2 在 s 平面上移动的轨迹。图 4.2 所示粗实线，即为该系统的根轨迹。箭头表示 K 值增加时，根轨迹的变化趋势。其中，横坐标为 s 的实部，纵坐标为 s 的虚部。

2. 根轨迹方程

1）闭环零点、极点与开环零点、极点之间的关系

由于开环零、极点是已知的，因此建立开环零、极点与闭环零、极点之间的关系，有助于

闭环系统根轨迹的绘制。并由此导出根轨迹方程。

设控制系统如图 4.3 所示，其闭环传递函数为

$$\Phi(s) = \frac{G(s)}{1 + G(s)H(s)} \tag{4.1}$$

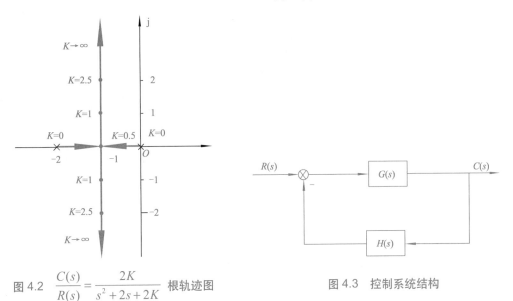

图 4.2 $\dfrac{C(s)}{R(s)} = \dfrac{2K}{s^2 + 2s + 2K}$ 根轨迹图

图 4.3 控制系统结构

在一般情况下，前向通路传递函数 $G(s)$ 和反馈通路传递函数 $H(s)$ 可分别表示为

$$G(s) = \frac{K_G(\tau_1 s + 1) \cdot (\tau_2^2 s^2 + 2\zeta_1 \tau_2 s + 1) \cdot \cdots}{s^v (T_1 s + 1) \cdot (T_2^2 s^2 + 2\zeta_2 T_2 s + 1) \cdot \cdots} = K_G^* \frac{\prod\limits_{i=1}^{f}(s - z_i)}{\prod\limits_{i=1}^{q}(s - p_i)} \tag{4.2}$$

式中：K_G 为前向通路增益；K_G^* 为前向通路根轨迹增益，它们之间满足如下关系。

$$K_G^* = K_G \frac{\tau_1 \cdot \tau_2^2 \cdot \cdots}{T_1 \cdot T_2^2 \cdot \cdots} \tag{4.3}$$

$$H(s) = K_H^* \frac{\prod\limits_{j=1}^{l}(s - z_j)}{\prod\limits_{j=1}^{h}(s - p_j)} \tag{4.4}$$

式中：K_H^* 为反馈通路根轨迹增益。于是，图 4.3 所示系统的开环传递函数可表示为

$$G(s)H(s) = K^* \frac{\prod\limits_{i=1}^{f}(s - z_i) \prod\limits_{j=1}^{l}(s - z_j)}{\prod\limits_{i=1}^{q}(s - p_i) \prod\limits_{j=1}^{h}(s - p_j)} \tag{4.5}$$

式中：$K^* = K_G^* K_H^*$，称为开环系统根轨迹增益，它与开环增益 K 之间的关系类似于式（4.3），仅相差一个比例常数。对于有 m 个开环零点和 n 个开环极点的系统，必有 $f + l = m$ 和 $q + h = n$。

将式 (4.2) 和式 (4.5) 代入式 (4.1)，得

$$\Phi(s) = \frac{K_G^* \prod\limits_{i=1}^{f}(s-z_i)\prod\limits_{j=1}^{h}(s-p_j)}{\prod\limits_{i=1}^{n}(s-p_i)+K^*\prod\limits_{j=1}^{m}(s-z_j)} \tag{4.6}$$

比较式 (4.5) 和式 (4.6)，可得以下结论：

（1）闭环系统根轨迹增益，等于开环系统前向通路根轨迹增益。对于单位反馈系统，闭环系统根轨迹增益就等于开环系统根轨迹增益。

（2）闭环零点由开环前向通路传递函数的零点和反馈通路传递函数的极点所组成。对于单位反馈系统，闭环零点就是开环零点。

（3）闭环极点与开环零点、开环极点及根轨迹增益 K^* 均有关。根轨迹法的基本任务在于：如何由已知的开环零、极点的分布及根轨迹增益，通过图解的方法找出闭环极点。一旦确定闭环极点后，闭环传递函数的形式便不难确定，因为闭环零点可由式 (4.6) 直接得到。在已知闭环传递函数的情况下，闭环系统的时间响应可利用拉普拉斯反变换的方法求出。

2）根轨迹方程确定

根轨迹是系统所有闭环极点的集合。为了用图解法确定所有闭环极点，令闭环传递函数表达式 (4.1) 的分母为零，得闭环系统特征方程

$$1+G(s)H(s)=0 \tag{4.7}$$

由式（4.6）可见，当系统有 m 个开环零点和 n 个开环极点时，式 (4.7) 等价为

$$K^*\frac{\prod\limits_{j=1}^{m}(s-z_j)}{\prod\limits_{i=1}^{n}(s-p_i)}=-1 \tag{4.8}$$

式中：z_j 为已知的开环零点；P_i 为已知的开环极点；K^* 从零变到无穷。

把式 (4.8) 称为根轨迹方程。根据式 (4.8)，可以画出 K^* 当从零变到无穷时，系统的连续根轨迹。应当指出，只要闭环特征方程可以化成式 (4.8) 形式，都可以绘制根轨迹，其中处于变动地位的实参数，不限定是根轨迹增益 K^*，也可以是系统其他变化参数。但是，用式 (4.8) 形式表达的开环零点和开环极点，在 s 平面上的位置必须是确定的，否则无法绘制根轨迹。此外，如果需要绘制一个以上参数变化时的根轨迹图，那么画出的不再是简单的根轨迹，而是根轨迹簇根轨迹方程实质上是一个向量方程，直接使用很不方便。考虑到 $-1=1\mathrm{e}^{\mathrm{j}(2k+1)}$，$k=0,\pm1,\pm2,\cdots$。因此，根轨迹方程 (4.8) 可用如下两个方程描述：

$$\sum_{j=1}^{m}\angle(s-z_j)-\sum_{i=1}^{n}\angle(s-p_i)=(2k+1)\pi \qquad k=0,\pm1,\pm2,\cdots \tag{4.9}$$

$$K^*=\frac{\prod\limits_{i=1}^{n}|s-p_i|}{\prod\limits_{j=1}^{m}|s-z_j|} \tag{4.10}$$

方程 (4.9) 和式 (4.10) 是根轨迹上的点应该同时满足的两个条件，前者称为相角条件；后

者称为模值条件。根据这两个条件，可以完全确定 s 平面上的根轨迹和根轨迹上对应的 K^* 值。应当指出，相角条件是确定 s 平面上根轨迹的充分必要条件。这就是说，绘制根轨迹时，只需要使用相角条件；而当需要确定根轨迹上各点的 K^* 值时，才使用模值条件。

三、任务分析与实施

 训练任务 1

控制系统结构如图 4.4 所示，分析根轨迹增益参数 K 从零变化到无穷大时，闭环系统特征方程根在 s 平面上的轨迹，其中：

$$G(s)= \frac{K}{s(s+2)} \qquad H(s)=1$$

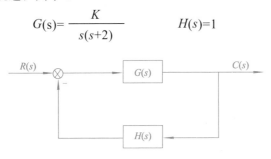

图 4.4 控制系统结构

分析与实施

闭环传递函数为

$$\frac{C(s)}{R(s)} = \frac{K}{s^2 + 2s + K}$$

闭环特征方程为

$$s^2 + 2s + K = 0$$

可以解出该方程的根为

$$s_1 = -1 + \sqrt{1-K}, \qquad s_2 = -1 - \sqrt{1-K}$$

可见，s_1、s_2 是随参数 K 的变化而变化的。

改变 K 值时，特征根 s_1、s_2 的变化值如表 4.1 所示。

表 4.1 特征根变化值

序　号	K	s_1	s_2
1	0	0	−2
2	0.5	−0.29	−1.707
3	1	−1	−1
4	2	-1+j	−1−j
5	…	…	…
6	∞	−1+j∞	−1−j∞

任务二　绘制根轨迹的基本法则

一、任务导入

根轨迹法是分析和设计线性定常控制系统的图解方法，使用十分简便，特别在进行多回路系统的分析时，应用根轨迹法比用其它方法更为方便，因此在工程实践中获得了广泛应用。那如何绘制根轨迹图呢？在绘制根轨迹过程中应该遵循哪些法则呢？

二、相关知识点

讨论以下根轨迹绘制的基本法则须满足两个条件：（1）系统为负反馈系统，其相角遵循 $180°+2k\pi(k \in \mathbf{Z})$，因此也称为根 $180°$ 轨迹；（2）开环增益 K 在 $0 \rightarrow \infty$ 变化时系统的根轨迹（其他参数变化，经适当变换才可用基本法则）。有了根轨迹的基本法则，可根据已知的开环传递函数的零、极点，直接绘制系统的根轨迹。

1. 根轨迹的分支数

法则 1　n 阶系统有 n 条根轨迹，n 阶系统的特征方程有 n 个特征根，当开环增益 K 在 $0 \rightarrow \infty$ 变化时，n 个特征根随着变化，在 s 平面上出现 n 条根轨迹。

2. 根轨迹的对称性

法则 2　根轨迹对称于实轴。闭环极点若为实数，则位于 s 平面实轴上；若为复数，则共轭出现，所以 s 平面上的根轨迹必然对称于实轴。

3. 根轨迹的起点和终点

法则 3　根轨迹起于开环极点，终于开环零点及无穷远（m 为开环传递函数分子多项式的次数，n 为分母多项式次数。其中 m 条终于开环零点，$n-m$ 条终于无穷远）。根轨迹的起点是对应于系统参数 $K=0$ 时，特征根在 s 平面上的位置；终点则是对应于系统参数在 $K \rightarrow \infty$ 时特征根在 s 平面上的位置。

4. 实轴上的根轨迹

法则 4　实轴上根轨迹所在区段的右侧，开环零、极点数目之和为奇数，即实轴上某些开区间的右侧，开环零、极点个数之和为奇数，则该段实轴必为根轨迹。通过此法则，可以很快确定在 s 平面的实轴上哪些区段有根轨迹。

5. 根轨迹的渐近线

法则 5　如果系统开环零点数 m 小于开环极点数 n，则趋于无穷远的应有民 $n-m$ 条，这些趋于无穷远的根轨迹的方位，由渐近线的两个参数——渐近线的倾角和渐近线与实轴的交点来确定。

(1) 渐近线的倾角：渐近线与实轴正方向的夹角（用 φ_a 表示）。

$$\varphi_a = \frac{(2k+1)\pi}{n-m} \qquad k=0,\pm 1,\pm 2,\cdots,n-m \qquad (4.11)$$

(2) 渐近线与实轴的交点（用 σ_a 表示）。

$$\sigma_a = \frac{\sum_{i=1}^{n} p_i - \sum_{j=1}^{m} z_j}{n-m} \qquad (4.12)$$

6．起始角与终止角

法则 6　根轨迹的起始角是指根轨迹在起点处的切线与水平正方向的夹角，如图 4.5 中的 θ_{p1}；根轨迹终止角是指终止于某开环零点的根轨迹在该点处的切线与水平正方向的夹角。

在图 4.6 所示的根轨迹上，靠近起点 P_1 取一点 S_1，根轨迹的相方程有

$$\angle(s_1-z_1)-\angle(s_1-p_1)-\angle(s_1-p_2)-\angle(s_1-p_3)=(2k+1)\pi$$

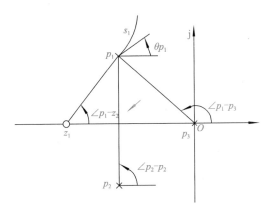

图 4.5　根轨迹的起始角

当 s_1 无限靠近 p_1 时，则各开环零点、极点引向 s_1 的向量，就变成各开环零点、极点引向 p_1 的向量，这时 $\angle(s_1-p_1)$ 即为起始角：

$$\theta_{p1}=(2k+1)\pi+\angle(p_1-z_1)-\angle(p_1-p_2)-\angle(p_1-p_3) \tag{4.13}$$

将上面的分析加以推广，可得计算某开环极点 θ_{pk} 处起始角的公式：

$$\theta_{pk}=(2k+1)\pi+\sum_{j=1}^{m}\angle(p_k-z_j)-\sum_{\substack{i=1\\ \neq k}}^{n}\angle(p_k-p_i) \tag{4.14}$$

同理可得计算某开环零点 θ_{zk} 处终止角的公式：

$$\theta_{z_k}=(2k+1)\pi+\sum_{i=1}^{n}\angle(z_k-p_i)-\sum_{\substack{j=1\\ \neq k}}^{m}\angle(z_k-z_j) \tag{4.15}$$

7．分离点 d

法则 7　两条或两条以上的根轨迹分支，在 s 平面上相遇后又分开的点称作根轨迹的分离点或会合点，用 d 表示，如图 4.2 中的 -1 点。一般情况下，实轴上两相邻开环极点之间，至少存在一个分离点；同样，实轴上两相邻开环零点之间（或其中一个零点位于无穷远），也至少存在一个分离点。

分离点 d 可用式 (4.16) 求得：

$$\sum_{i=1}^{n}\frac{1}{d-p_i}=\sum_{j=1}^{m}\frac{1}{d-z_j} \tag{4.16}$$

8．分离角与会合角

法则 8　根轨迹的分离角与会合角出现在分离点（或会合点）处，方向由公式确定。

分离角 θ_d：是指根轨迹离开重极点处的切线与实轴正方向的夹角。

会合角 ψ_d：是指根轨迹进入重极点处的切线与实轴正方向的夹角。

分离角与会合角可用式（4.17）计算：

若 $\theta_d = (2k+1)\pi / L$，则：

$$\psi_d = 2k\pi / L \tag{4.17}$$

若 $\theta_d = 2k\pi / L$，则：

$$\psi_d = (2k+1)\pi / L \tag{4.18}$$

式中：L 为重极点处的根轨迹个数（即重根数）。若分离点在实轴上时，分离角和会合角分别为 0、π 或 $\pm\pi/2$。

9. 虚轴交点

法则 9　根轨迹与虚轴相交，表明系统闭环特征方程有纯虚根，其交点对应于系统处于临界稳定状态。计算交点坐标 ω 及相应的开环增益 K 的方法：在闭环特征方程中令 $s=j\omega$，整理成实部和虚部的形式后使实部和虚部分别为零解得。

将 $s=j\omega$ 代入闭环特征方程式 (4.6) 中，得

$$1+G(j\omega)H(j\omega) = 0 \tag{4.19}$$

即

$$\mathrm{Re}[1+G(j\omega)H(j\omega)] + j\mathrm{Im}[1+G(j\omega)H(j\omega)] = 0$$

令实部与虚部均为零，即

$$\mathrm{Re}[1+G(j\omega)H(j\omega)] = 0$$
$$\mathrm{Im}[1+G(j\omega)H(j\omega)] = 0 \tag{4.20}$$

解方程组便可求出交点坐标 ω 及相应的开环增益 K。

10. 根之和

法则 10　系统 n 个开环极点和等于 n 个闭环极点和，即

$$\sum_{i=1}^{n} Pi = \sum_{i=1}^{n} si \tag{4.21}$$

在开环极点已确定不变的情况下，其和为常值。因此，符合 $n-m \geqslant 2$ 的反馈系统，当增益 K 变动使某些闭环极点在 s 平面上向左移动，则必然有另一些极点向右移，才能保持极点和为常值，即根轨迹重心不变。

三、任务分析与实施

某负反馈系统的开环传递函数为

$$G(s)H(s) = \frac{K(s+1)}{s^2(s+2)(s+5)(s+10)}$$

试绘制实轴上的根轨迹。

分析与实施

由传递函数知：

（1）五阶系统有五条根轨迹。

（2）根轨迹必对称于实轴。

（3）系统开环极点为：$p_1=p_2=0$，$p_3=-2$，$p_4=-5$，$p_5=-10$；开环零点 $z_1=-1$，5 条根轨迹分别起于 p_1，p_2，p_3，p_4，p_5，终于 z_1 及无穷远。

（4）区间 [-2，-1] 右侧开环零、极点个数之和为 3，区间 [-10，-5] 右侧开环零、极点个数之和为 5，故实轴上的根轨迹在上述两区间，如图 4.6 所示。

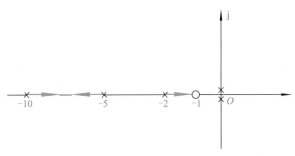

图 4.6　实轴上的根轨迹

训练任务 3

某单位负反馈系统的开环传递函数为

$$G(s) = \frac{K^*}{s(s+1)(s+5)}$$

试求根轨迹趋于无穷远的渐近线。

分析与实施

由传递函数知：

（1）三阶系统有三条根轨迹。

（2）根轨迹必对称于实轴。

（3）系统开环极点为：$p_1=0$，$p_2=-1$，$p_3=-5$，没有开环零点；$n=3$，$m=0$，$n-m=3$，应有三条渐近线，三条根轨迹分别起于 p_1、p_2、p_3，终于无穷远。

（4）区间 [-1，0]，$(-\infty，-5]$ 为实轴上的根轨迹段，如图 4.7 所示。

（5）渐近线的方位。实轴上的根轨迹及三条渐近线如图 4.7 所示，将平面分成三等份。

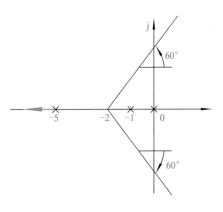

图 4.7　根轨迹渐近线

$$\psi_a = \frac{(2k+1)\pi}{n-m} = \frac{(2k+1)\pi}{3} = \begin{cases} \dfrac{\pi}{3} & k=0 \\ -\dfrac{\pi}{3} & k=-1 \\ \pi & k=1 \end{cases}$$

$$\sigma_a = \frac{\sum_{i=1}^{n} p_i - \sum_{j=1}^{m} z_j}{n-m} = \frac{0+(-1)+(-5)}{3} = -2$$

 训练任务④

某负反馈系统的开环传递函数为

$$G(s)H(s) = \frac{K^*(s+1)}{s^2+3s+3.25}$$

试求根系统根轨迹的分离点，并绘制根轨迹。

分析与实施

由传递函数知：

（1）二阶系统有两条根轨迹。

（2）根轨迹必对称于实轴。

（3）系统开环极点由 $s^2+3s+3.25=0$ 解得：$p_{1,2}=-1.5\pm j$；开环零点 $z_1=-1$。两条根轨迹分别起于 p_2、p_2，终于开环零点 z_1 及无穷远。

（4）区间 $(-\infty, -1]$ 为实轴上的根轨迹段。

（5）求分离点：根据式 (4.16) 有

$$\frac{1}{d+1.5+j} + \frac{1}{d+1.5-j} = \frac{1}{d+1}$$

解之，得

$$d_1=-2.12, \quad d_2=0.12$$

d_2 不在根轨迹上，为不合理点，应舍弃。故分离点 $d=d_1=-2.12$。根据上述条件绘制出系统根轨迹，如图 4.8 所示。

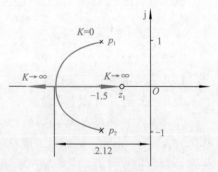

图 4.8　系统根轨迹

 训练任务⑤

某负反馈系统的开环传递函数为

$$G(s)H(s) = \frac{K}{s(s+1.5+j1.5)(s+1.5-j1.5)}$$

试求 $K(0 \to \infty)$ 变动的系统的根轨迹。

分析与实施

(1) 三阶系统有三条根轨迹。

(2) 根轨迹必对称于实轴。

(3) 系统开环极点为：$p_1=0$、$p_{2,3}=-1.5\pm j1.5$；没有开环零点。$n-m=3$，三条根轨迹都趋向无穷远。

(4) 区间 $(-\infty，0]$ 为实轴上的根轨迹段。

(5) 确定渐近线方位：

$$\Psi_a = \frac{(2K+1)\pi}{n-m} = \begin{cases} \dfrac{\pi}{3} \\[2mm] -\dfrac{\pi}{3} \\[2mm] \pi \end{cases}$$

$$\sigma_a = \frac{\sum\limits_{i=1}^{n} p_i - \sum\limits_{j=1}^{m} z_j}{n-m} = \frac{(-1.5-j1.5)+(-1.5+j1.5)}{3} = -1$$

(6) 根轨迹在 P_2 处的起始角为

$$\theta_{p_2} = (2K+1)\pi - \angle(p_2-p_1) - \angle(p_2-p_3) = \frac{\pi}{4}$$

同理可求：

$$\theta_{p_3} = -\frac{\pi}{4}$$

(7) 求与虚轴交点：

将 $s = j\omega$ 代入闭环特征方程：

$$s(s+1.5+j1.5)(s+1.5-j1.5)+K = 0$$

解之，得

$$\omega_1 = 0, \qquad \omega_{2,3} = \pm 2.12, \qquad K = 13.5$$

根据上述条件绘制出系统根轨迹如图 4.9 所示。从根轨迹图可以看出，当 $K>13.5$ 时，此系统将有两个闭环极点分布在 s 平面的右半部，此时系统为不稳定系统。

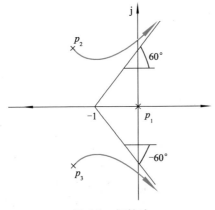

图 4.9　根轨迹

任务三　参数根轨迹

一、任务导入

在控制系统中，除常规根轨迹即根轨迹增益 K^* 变化以外，其它情形下的根轨迹统称为广义根轨迹。其中以非开环增益为可变参数绘制的根轨迹称为参数根轨迹，以区别于以开环增益 k 为可变参数的常规根轨迹。那如何绘制参数根轨迹图呢？

二、相关知识点

绘制参数根轨迹的法则与绘制常规根轨迹的法则完全相同。只要在绘制参数根之前，引入等效单位反馈系统和等效传递函数概念，则常规根轨迹的所有绘制法则，用于参数根轨迹的绘制。为此，需要对闭环特征方程

$$1+G(s)H(s)=0 \tag{4.22}$$

进行等效变换，将其写为如下形式：

$$A\frac{P(s)}{Q(s)}=-1 \tag{4.23}$$

其中，A 为除 K^* 外，系统任意的变化参数，而 $P(s)$ 和 $Q(s)$ 为两个与 A 无关的首一多项式。显然，式 (4.22) 应与式 (4.23) 相等，即

$$Q(s)+AP(s)=1+G(s)H(s)=0 \tag{4.24}$$

根据式 (4.24)，可得等效单位反馈系统，其等效开环传递函数为

$$G_1(s)H_1(s)=A\frac{P(s)}{Q(s)} \tag{4.25}$$

利用式 (4.25) 画出的根轨迹，就是参数 A 变化时的参数根轨迹。需要强调指出，等效开环传递函数是根据式 (4.24) 得来的，因此"等效"的含义仅在闭环极点相同这一点上成立，而闭环零点一般是不同的。由于闭环零点对系统动态性能有影响，所以由闭环零点、极点分布来分析和估算系统性能时，可以采用参数根轨迹上的闭环极点，但必须采用原来闭环系统的零点。这一处理方法和结论，对于绘制开环零极点变化时的根轨迹，同样适用。

三、任务分析与实施

训练任务⑥

设系统开环传递函数

$$G(s)H(s)=\frac{20}{(s+4)(s+K^*)}$$

试绘制 K^* 在 $0 \to \infty$ 变化时系统的根轨迹。

分析与实施

系统的特征方程为

$$s^2+4s+K^*s+4K^*+20=s^2+4s+20+K^*(s+4)=0$$

$$G^*(s)H^*(s)=\frac{K^*(s+4)}{s^2+4s+20}=\frac{K^*(s+4)}{(s+2+\text{j}4)(s+2-\text{j}4)}$$

（1）$n=2$，$m=1$，有两条根轨迹且一条趋于无穷远点。

（2）实轴上的根轨迹是（$-\infty$，-4] 区间段。

（3）根轨迹的分离点

$$A^*(s) = (s + 2 + j4)(s + 2 - j4)$$

$$B^*(s) = s + 4$$

代入公式得：$s_1 = -8.47$，$s_2 = 0.47$（舍去）

（4）根轨迹的出射角

$$\theta_n = 180° + \arctan 2 - 90° = 135°$$

$$\cdots$$

$$\theta_{12} = -135°$$

根轨迹如图 4.10 所示。

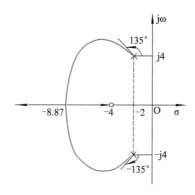

图 4.10　训练任务 6 根轨迹图

 训练任务 7

单位反馈系统开环传递函数

$$G(s) = \frac{(s + a)/4}{s^2(s + 1)}$$

a 在 $0 \to \infty$ 变化，绘制根轨迹图。

分析与实施

$$D(s) = s^3 + s^2 + \frac{1}{4}s + \frac{1}{4}a = 0$$

构造"等效开环传递函数" $G^*(s) = \dfrac{a/4}{s^3 + s^2 + s/4} = \dfrac{a/4}{s(s + 0.5)^2}$

（1）实轴根轨迹：[$-\infty$, 0]

（2）渐近线：$\sigma_a = -1/3$，$\varphi_a = \pm 60°, 180°$

（3）分离点：$\dfrac{1}{d} + \dfrac{2}{d + 0.5} = 0$

$3d + 0.5 = 0 \Rightarrow d = -1/6$

$a_d = 4|d||d+0.5|^2 = 2/27$

（4）与虚轴交点：

$D(s) = s^3 + s^2 + s/4 + a/4 = 0$

$$\begin{cases} \text{Re}[D(j\omega)] = -\omega^2 + a/4 = 0 \\ \text{Im}[D(j\omega)] = -\omega^3 + \omega/4 = 0 \end{cases}$$

解之，得 $\begin{cases} a=1 \\ \omega=1/2 \end{cases}$

根轨迹图如图 4.11 所示。

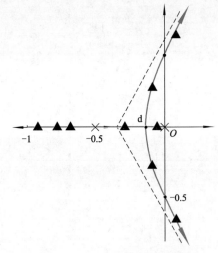

图 4.11　训练任务 7 根轨迹图

任务四　零度根轨迹

一、任务导入

　　如果所研究的控制系统为非最小相位系统，即右半平面具有开环零点的控制系统，则有时不能采用常规根轨迹的绘制法则来绘制系统的根轨迹，因为其相角遵循 $0° + 2k\pi$ 条件，而不是 $180° + 2k\pi$ 条件，故一般称之为零度根轨迹，零度根轨迹又被称为正反馈系统的根轨迹。那如何会指零度根轨迹呢？零度根轨迹在绘制时遵循什么原则？

二、相关知识点

　　零度根轨迹的绘制方法，与常规根轨迹的绘制方法略有不同。以正反馈系统为例，设某个复杂控制系统如图 4.12 所示，其中内回路采用正反馈，这种系统通常由外回路加以稳定。

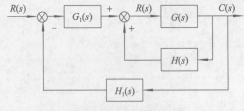

图 4.12　复杂控制系统

为了分析整个控制系统的性能，首先要确定内回路的零点、极点。当用根轨迹法确定内回路的零点、极点时，就相当于绘制正反馈系统的根轨迹。在图 4.12 中，正反馈内回路的闭环传递函数为：

$$\frac{C(s)}{R(s)} = \frac{G(s)}{1 - G(s)H(s)}$$

于是，得到正反馈系统的根轨迹方程：

$$G(s)H(s) = 1 \tag{4.24}$$

上式可等效为下列两个方程

$$\sum_{j=1}^{m} \angle(s - z_j) - \sum_{i=1}^{n} \angle(s - p_i) = 0° + 2k\pi \quad k = 0, \pm 1, \pm 2, \cdots \tag{4.25}$$

$$K^* = \frac{\prod_{i=1}^{n} |s - p_i|}{\prod_{j=1}^{m} |s - z_j|} \tag{4.26}$$

前者称为零度根轨迹的相角条件，后者叫做零度根轨迹的模值条件。式中各符号的意义与以前指出的相同。

将式（4.25）、式（4.26）与常规根轨迹的相应公式（4.9）、式（4.10）相比可知，它们的模值条件完全相同，仅相角条件有所改变。因此，常规根轨迹的绘制法则，原则上可以应用于零度根轨迹的绘制，但在与相角条件有关的一些法则中，须进行适当调整。从这种意义上说，零度根轨迹也是常规根轨迹的一种推广。

绘制零度根轨迹时，应调整的绘制法则有：

法则 3 渐近线的交角应改为

$$\varphi_a = \frac{2k\pi}{n - m} ; \quad k = 0, 1, \cdots, n - m - 1 \tag{4.27}$$

法则 4 根轨迹在实轴上的分布应改为：实轴上的某一区域，若其右方开环实数零、极点个数之和为偶数，则该区域必是根轨迹。

法则 5 根轨迹的起始角和终止角应改为：起始角为其它零、极点到所求起始角复数极点的诸向量相角之差，即

$$\theta_{p_i} = 2k\pi + \left(\sum_{j=1}^{m} \varphi_{z_j p_i} - \sum_{\substack{j=1 \\ (j \neq i)}}^{n} \theta_{p_j p_i} \right) \tag{4.28}$$

终止角等于其他零点、极点到所求终止角复数零点的诸向量相角之差的负值，即

$$\varphi_{z_i} = 2k\pi - \left(\sum_{\substack{j=1 \\ (j \neq i)}}^{m} \varphi_{z_j z_i} - \sum_{j=1}^{n} \theta_{p_j z_i} \right) \tag{4.29}$$

三、任务分析与实施

训练任务⑧

系统开环传递函数

$$G(s) = \frac{K^*(s+1)}{(s+3)^3}$$

绘制 0° 根轨迹。

分析与实施

由题意知:

① 实轴轨迹: $(-\infty, -3]$, $[-1, +\infty)$。

② 出射角: $3\theta = 180° - 2k\pi$。

$$\theta = \frac{(2k+1)\pi}{3} = \pm 60°, 180°$$

③ 分离点: $\dfrac{3}{d+3} = \dfrac{1}{d+1}$。

整理得

$$3d + 3 = d + 3 \implies d = 0$$

④ 渐近线:

$$K_d^* = \frac{|d+3|^3}{|d+1|} \bigg|^{d=0} = 27$$

$$K_d^* = \frac{|d+3|^3}{|d+1|} \bigg|^{d=0} = 27$$

$$\begin{cases} \sigma_a = (-3 \times 3 + 1)/2 = -4 \\ \varphi_a = 2k\pi/2 = 0°, 180° \end{cases}$$

零度根轨迹图如图 4.13 所示。

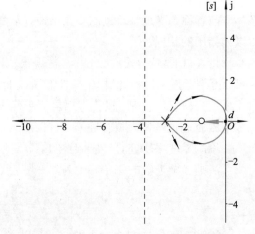

图 4.13　训练任务 8 零度根轨迹图

任务五　运用根轨迹图分析控制系统性能

一、任务导入

根轨迹图的最大特点是参数的可视化,这正是时域法的不足。自动控制系统的稳定性,由它的闭环极点唯一确定,从根轨迹图可以直接看出;稳态性能只同开环传递函数有关,具体说就是同开环传递函数的 K^*、开环零极点和 v 有关,这些信息在根轨迹图上都有反映;动态性能与系统的闭环极点和零点在 s 平面上的分布有关。因此确定控制系统闭环极点和零点在 S 平面上的分布,特别是从已知的开环零点、极点的分布确定闭环零、极点的分布,是对控制系统进行分析必须首先要解决的问题。解决的方法之一,是解析法,即求出系统特征方程的根。解析法虽然比较精确,但对四阶以上的高阶系统是很困难的。根轨迹法是解决上述问题的另一途径,它是在已知系统的开环传递函数零、极点分布的基础上,研究某一个和某些参数的变化对系统闭环极点分布的影响的一种图解方法。

二、相关知识点

由于根轨迹图直观、完整地反映系统特征方程的根在 s 平面上分布的全局情况，通过一些简单的作图和计算，就可以看到系统参数的变化对系统闭环极点的影响趋势。这对分析研究控制系统的性能和提出改善系统性能的合理途径都具有重要意义。

线性系统根轨迹分析法的第一个工作是分析根轨迹图上的规律，并寻找到可以作为工作点的参考范围。第二个工作将是设法改造根轨迹图，使根轨迹图可以任意塑造，并使其按我们的希望目标变形，这就是增加零极点的技术。

1. 增加开环零极点对系统性能的影响

由于根轨迹是由开环零极点决定的，因此在系统中增加或改变零极点在 s 平面的位置，可以改变根轨迹的形状，影响系统的性能。

在开环传递函数中引入零点，可以使根轨迹向左半 s 平面弯曲或移动，还可以改变渐近线的倾角，减少渐近线的条数。

2. 增加开环极点对根轨迹的影响

在开环传递函数中引入极点，可以使根轨迹向右半 s 平面弯曲或移动，还可以改变渐近线的倾角，增加渐近线的条数。

3. 根轨迹与系统性能

根轨迹图直观反映了参数 K 与特征根的分布关系，结合图4.2分析系统如下：

(1) 开环增益 K 在 $0 \rightarrow \infty$ 变化时，根轨迹均在 s 平面左侧，故闭环系统对所有 K 大于零的值都是稳定的。

(2) $0<K<0.5$，闭环特征根为两不等实根，系统呈过阻尼状态，阶跃响应无超调，具有非周期性；$K=0.5$，系统呈临界阻尼状态；$K>0.5$，系统呈欠阻尼状态，阶跃响应具有振荡衰减特性。$K=1$，系统处于最佳阻尼状态。

(3) K 越大，共轭复根离实轴越远。

分析表明，绘制出根轨迹，就能把握系统的特性。但用解析法逐点描绘系统的根轨迹对高阶系统是不现实的。根轨迹法是利用反馈系统中开、闭环之间的关系，由开环传递函数直接寻求闭环根轨迹的总体规律的方法。

4. 用根轨迹分析自动控制系统的方法和步骤

(1) 根据系统的开环传递函数和绘制根轨迹的基本规则绘制出系统的根轨迹图。

(2) 由根轨迹在 s 平面上的分布情况分析系统的稳定性。如果全部根轨迹都位于 s 平面左半部，则说明无论开环根轨迹增益 K^* 为何值，系统都是稳定的；如根轨迹有一条（或一条以上）的分支全部位于 s 平面的右半部，则说明无论开环根轨迹增益 K^* 如何改变，系统都是不稳定的；如果有一条（或一条以上）的根轨迹从 s 平面的左半部穿过虚轴进入 s 面的右半部（或反之），而其余的根轨迹分支位于 s 平面的左半部，则说明系统是有条件的稳定系统，即当开环根轨迹增益 K^* 大于临界值 K_c^* 时系统便由稳定变为不稳定（或反之）。此时，关键是求出开环根轨迹增益 K^* 的临界值 K_c^*。这为分析和设计系统的稳定性提供了选择合适系统参数的依据和途径。

(3) 根据对系统的要求和系统的根轨迹图分析系统的瞬态响应指标。对于一阶、二阶系统，很容易在它的根轨迹上确定对应参数的闭环极点，对于三阶以上的高阶系统，通常用简单的作图法（如作等阻尼比线等）求出系统的主导极点（如果存在的话），将高阶系统近似地简化成由主导极点（通常是一对共轭复数极点）构成的二阶系统，最后求出其各项性能指标。这种分析方法简单、方便、直观，在满足主导极点条件时，分析结果的误差很小。如果求出离虚轴较近的一对共轭复数极点不满足主导极点的条件，如它到虚轴的距离不小于其余极点到虚轴距离的五分之一或在它附近有闭环零点存在等，这时还必须进一步考虑和分析这些闭环零、极点对系统瞬态响应性能指标的影响。

"时域分析法 + 根轨迹法"，合起来共同构成 s 平面上的"点""线""面"全方位分析体系：用增加零极点的办法将根轨迹曲线"推拉"到希望的区域（面），对选定的根轨迹曲线按指定参数进行区间和范围的划分和必要的定性分析（线），用时域法对希望区间内的范围进行选点计算，得到关键点的定量分析（点）。对三者的分析结果进行综合，就形成了对系统的更深层次上的理解。

三、任务分析与实施

 训练任务⑨

设开环传递函数 $G(s)H(s) = \dfrac{1}{s(s^2 + 2s + 2)}$，试分析增加开环零点对根轨迹的影响。

分析与实施

通过分析以下零点进行分析：

（1）增加零点 z=-3，则 $G(s)H(s) = \dfrac{s+3}{s(s^2 + 2s + 2)}$；

（2）增加零点 z=-2，则 $G(s)H(s) = \dfrac{s+2}{s(s^2 + 2s + 2)}$；

（3）增加零点 z=0，则 $G(s)H(s) = \dfrac{s}{s(s^2 + 2s + 2)}$。

则通过仿真得到四种开环传递根轨迹图对比如图 4.14 所示。

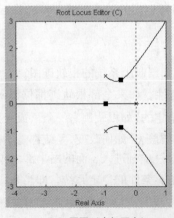

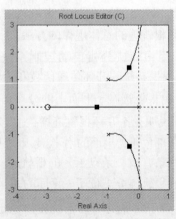

（a）原图（未加零点）　　　　　　　　　　（b）增加零点 z=-3

图 4.14　增加零点根轨迹对比图

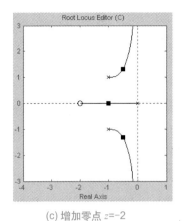
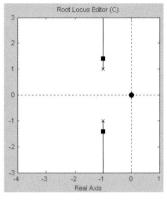

(c) 增加零点 z=-2   (d) 增加零点 z=0

图 4.14 增加零点根轨迹对比图（续）

由图 4.14 对比可以看出，引入开环零点后可使根轨迹向左移动或弯曲，开环零点越接近原点，系统性能变得越好。

设开环传函数

$$G(s)H(s) = \frac{1}{s(s+2)}$$

试分析增加开环极点对根轨迹的影响。

分析与实施

通过增加以下极点进行分析：

（1）增加零点 p=-4，则 $G(s)H(s) = \dfrac{1}{s(s+2)(s+4)}$ ；

（2）增加零点 p=-1，则 $G(s)H(s) = \dfrac{1}{s(s+2)(s+1)}$ ；

（3）增加零点 p=0，则 $G(s)H(s) = \dfrac{1}{s^2(s+2)}$ 。

则通过仿真得四种开环传递根轨迹图对比如图 4.15 所示。

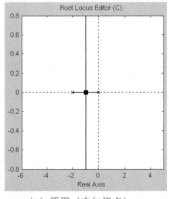
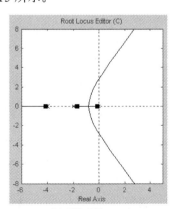

（a）原图（未加极点）   （b）增加极点 p=-4

图 4.15 增加极点根轨迹对比图

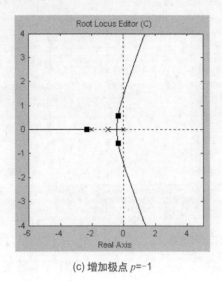

(c) 增加极点 $p=-1$

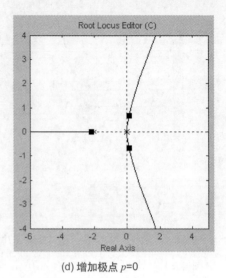

(d) 增加极点 $p=0$

图 4.15 增加极点根轨迹对比图（续）

由以上对比可以看出，引入开环极点后可使根轨迹向右移动或弯曲，开环极点越接近原点，系统性能变得越差。如果引入一个 0 极点，系统将一直处于不稳定状态。

小　　结

(1) 根轨迹法是研究高阶系统动态性能的一种图解分析、计算方法。是利用反馈系统中开、闭环之间的关系，由开环传递函数直接寻求闭环根轨迹的总体规律的方法。讨论问题只在 s 平面中进行，不需求解时域响应，又称复域分析法。

(2) 绘制根轨迹应把握本章介绍的 10 条基本法则。即首先用起、终点法则、渐进线法则、实轴区段法则及根之和法则判断一下总体的特征，然后计算有关的特征量，以尽可能把握全局。

(3) 注意根轨迹的基本法则的适用范围，正确理解参数根轨迹图、零度根轨迹图。

(4) 增加开环零点和极点，可以改变根轨迹的形状，从而改变系统的性能。增加开环零点，有利于改善系统的动态性能；增加开环极点，不利于改善系统的动态性能。

思考与练习

4-1 在 s 平面内标出下列开环传递函数的零点、极点。

(1) $G(s)H(s)=\dfrac{K(s+5)}{s(s+2)(s+3)}$　　(2) $G(s)H(s)=\dfrac{K(s^2+2s+1)}{s(2s+1)(s^2+s+3)}$

(3) $G(s)H(s)=\dfrac{K(s+1)(s+6)}{s(0.1s+1)(0.25s+1)}$　　(4) $G(s)H(s)=\dfrac{K(s+20)}{s(s+10+j10)(s+10-j10)}$

4-2 负反馈系统的开环零、极点分布如图 4.16 所示，试概略绘出系统根轨迹。

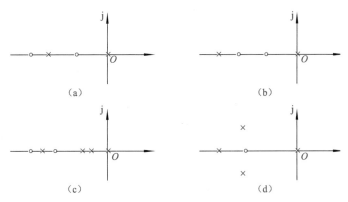

图 4.16 习题 4-2 图

4-3 负反馈系统开环传递函数如下，试确定实轴上的根轨迹段及渐进线。

(1) $G(s)H(s)=\dfrac{K(2s+1)}{s(4s+1)(s+3)}$ (2) $G(s)H(s)=\dfrac{K(s+2)}{s(s+1)(s+3)}$

(3) $G(s)H(s)=\dfrac{K(s+1)}{s^2(2s+1)(s+5)}$ (4) $G(s)H(s)=\dfrac{K}{s^2(s+2)(s+5)}$

4-4 已知负反馈系统开环传递函数 $G(s)H(s)$ 的零点、极点如下，绘制 $K(0 \to \infty)$ 变动的系统根轨迹。

(1) 极点为 0，-3 和 -4，零点为 -5 ；

(2) 极点为 -1+j 和 -1-j，零点为 -2 ；

(3) 极点为 0，0，-12 和 -12，零点为 -4 和 -8。

4-5 已知单位负反馈系统开环传递函数分别为

$$G(s) = \frac{K}{s(0.25s+1)} \qquad G(s) = \frac{K^*}{s^2 s+10}$$

试绘制 $K(0 \to \infty)$ 变动的系统根轨迹。

4-6 负反馈系统开环传递函数为

$$G(s) = \frac{0.25(s+a)}{s^2(s+1)}$$

试绘制参数 $a(0 \to \infty)$ 变动的系统根轨迹。

4-7 根据系统开环传递函数

$$G(s) = \frac{K^*(s+1)}{(s+3)^3}$$

绘制 180º 根轨迹。

4-8 系统结构图如图 4.17 所示，$K^* = 0 \to \infty$ 变化，试分别绘制 0°，180° 根轨迹(0° 取正号，180° 取负号)。

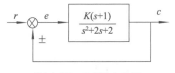

图 4.17 习题 4-8 图

4-9 已知单位负反馈系统开环传递函数为

$$G(s) = \frac{K(s+2)}{s(s+1)}$$

证明：根轨迹的复数部分是以 (2，j0) 为圆心，以 2 为半径的圆。

4-10 试作图 4.18 所示系统 $K(0 \to \infty)$ 变动的系统根轨迹，并确定使系统稳定的 K 的范围。

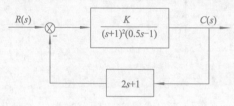

图 4.18 习题 4-10 图

4-11 试用根轨迹法确定如图 4.19 所示系统阶跃响应无振荡的 K 的取值范围。

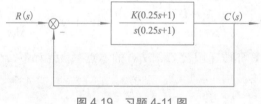

图 4.19 习题 4-11 图

自动控制系统的频域分析法

（1）掌握控制系统频率特性的定义，了解频率特性与传递函数的关系，熟悉常用于描述频率特性的曲线。

（2）掌握典型环节的传递函数、频率特性和对数频率特性，了解最小相位系统的概念，能够利用 MATLAB 工具软件绘制各典型环节的对数频率特性曲线（Bode 图）。

（3）掌握控制系统开环对数频率特性曲线（Bode 图）的绘制方法，能够由系统 Bode 图求取该系统的传递函数。

（4）掌握控制系统的对数频率稳定性判据、稳定裕量，能够利用开环频率特性分析闭环控制系统的稳定性。

📖 知识重点

（1）控制系统频率特性的基本概念及数学表示。

（2）常用典型环节 Bode 图的绘制。

（3）控制系统开环 Bode 图的绘制。

（4）对数频率稳定性判据，稳定裕量，开环对数频率特性与系统动、静态性能的关系。

📖 知识难点

（1）利用对数频率稳定性判据判断闭环系统是否稳定。

（2）利用稳定裕量指标判断闭环系统是否稳定。

📖 建议学时

8 ~ 10 学时。

📖 单元结构图

单元五 自动控制系统的频域分析法	任务一　典型环节伯德图的绘制
---	任务二　开环对数频率特性曲线的绘制
	任务三　系统性能的频域分析

任务一　典型环节伯德图的绘制

一、任务导入

在工程实践中，往往并不需要准确地计算系统响应的全部过程，而是希望避开复杂的计算，简单、直观地分析出系统结构、参数对系统性能的影响。因此，主要采用两种简便的工程分析方法来分析系统性能，这就是根轨迹法与频率特性法，根轨迹法已在上一单元中进行了介绍，这里将详细介绍控制系统的频率特性法。

自动控制系统一般都是由若干个典型环节组成，任何一个控制系统传递函数都是若干个典型环节传递函数的组合。要采用频率特性分析控制系统的性能，首先必须对频率特性法有明确的认识。

频率特性法主要是通过系统的开环频率特性的图形来分析闭环系统的性能，可避免烦琐复杂的运算，在工程实际中，通常运用该方法来分析和设计控制系统。要掌握该方法，须了解频率特性的定义、复数表示方法、数学意义、常用频率特性曲线的种类等。

在了解了频率特性法的上述概念后，要用频率特性法分析由若干典型环节组成的控制系统的性能，还需对各个典型环节有明确的认识。常用于构成控制系统的典型环节主要是七种：比例环节、积分环节、微分环节、惯性环节、一阶微分环节、二阶振荡环节、延迟环节。下面就进行频率特性的基本概念、典型环节的数学模型以及最小相位系统等的介绍，在掌握相关概念后来完成典型环节伯德（Bode）图的绘制这一任务。

二、相关知识点

1．频率特性的定义

采用正弦信号作为输入信号，当线性系统稳定后，其输出称为频率响应。

如图 5.1 所示，线性系统在输入信号的频率（在 $0 \to \infty$ 的范围内连续变化时，系统稳态输出的角频率 ω 不变，幅值和相位发生了变化，把输出与输入信号的幅值比与相位差随输入频率变化而呈现的变化规律称为系统的频率特性。

图 5.1　线性系统频率响应示意图

频率特性可以反映出系统对不同频率的输入信号的跟踪能力，在频域内全面描述系统的性能，只与系统的结构、参数有关，是线性系统的固有特性。

系统（或环节）输出量与输入量幅值之比为幅值频率特性，简称幅频特性，它随角频率 ω 变化，常用 $A(\omega)$ 表示，$A(\omega) = \dfrac{A_c}{A_r}$，描述系统稳态输出时对不同频率正弦输入信号在幅值上的放大（或衰减）特性。输出量与输入量的相位差为相位频率特性，简称相频特性，它也随角频率 ω 变化，常用 $\phi(\omega)$ 表示，$\varphi(\omega) = \varphi_c - \varphi_r$，描述系统稳态输出时对不同频率正弦输入信号在相位上产生的相角滞后（或超前）的特性。

除了正弦函数的表示，频率特性也可以用复数表示。

对于线性系统，当输入一个正弦信号 $r(t)=R\sin\omega t$ 时，则系统的稳态输出必为 $C_{ss}(t)=A(\omega)\cdot R\sin[\omega t+\varphi(\omega)]$。由于输入、输出信号均为正弦信号，因此可以利用电路理论将其表示为复数形式，则输入输出之比为

$$\frac{A(\omega)Re^{j\varphi(\omega)}}{Re^{j0}}=A(\omega)e^{j\varphi(\omega)}=G(j\omega)$$

可见，输出输入的复数比恰好表示了系统的频率特性，其幅值 $A(\omega)$ 与相角 $\varphi(\omega)$ 分别为幅频特性、相频特性的表达式。

复数有三种表示形式，分别表示如下：

$G(j\omega)=|G(j\omega)|\angle G(j\omega)$（极坐标表示方法）

$G(j\omega)=R(\omega)+jI(\omega)$（直角坐标表示方法）

$G(j\omega)=A(\omega)e^{j\varphi(\omega)}$（指数坐标表示方法）

$A(\omega)=|G(j\omega)|=\sqrt{R^2(\omega)+I^2(\omega)}$

$\varphi(\omega)=\angle G(j\omega)=\arctan\frac{I(\omega)}{R(\omega)}$

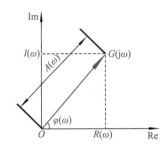

这三种频率特性的复数表示形式也可在极坐标系上画出来，如图 5.2 所示。

图 5.2 频率特性的复数表示

2．频率特性与传递函数的关系

在对控制系统进行数学建模时，往往采用微分方程或传递函数为描述系统各变量之间相互关系的数学表达式，其实频率特性也是类似的数学工具，也可以用来建立控制系统的数学模型。和微分方程与传递函数之间可以相互转换类似，系统的频率特性也可以由已知的传递函数通过简单的转换得到。

如图 5.3 所示，已知线性控制系统的传递函数为 $G(s)$，将 $j\omega$ 代替其中的 s 就得到系统的频率特性。由拉普拉斯变换可知，传递函数的复变量 $s=\sigma+j\omega$。当 $\sigma=0$ 时，$s=j\omega$。所以 $G(j\omega)$ 就是 $\sigma=0$ 时的 $G(s)$。即当传递函数的复变量 s 用 $j\omega$ 代替时，传递函数转变为频率特性，这就是求取频率特性的解析法。在求已知传递函数系统的正弦稳态响应时，无须做拉普拉斯变换及反变换的烦琐计算，直接利用频率特性的物理意义就可求出。

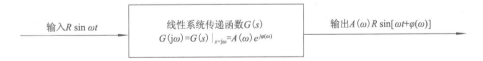

图 5.3 线性系统由传递函数求取频率特性的解析法

总结一下，经典控制理论中常用来描述系统固有特性的数学模型有微分方程、传递函数、频率特性三种，这三种不同的数学形式之间可以互相转换，转换关系如图 5.4 所示。

图 5.4 控制系统数学模型之间的转换关系

3．常用于描述频率特性的两种曲线

频率特性揭示稳态输出量与输入量的幅值比和相位差随频率变化的规律。实际应用中，为了能够直观地看出幅值比与相位差随频率变化的情况，是将幅频特性与相频特性在相应的坐标系中绘成曲线，并从这些曲线的某些特点来判断系统的稳定性、快速性和其它品质，以便对系统进行分析与综合。

系统（或环节）的频率响应曲线的表示方法很多，其本质都是一样的，只是表示的形式不同而已。频率特性曲线通常采用以下两种表示形式：

1）幅相频率特性曲线

对于一个确定的频率，必有一个幅频特性的幅值和一个相频特性的相角与之对应，当 ω 从 $0 \to \infty$ 变化时，根据频率特性的极坐标形式 $G(j\omega) = A(\omega) \angle \varphi(\omega)$，可以算出每一个 ω 值所对应的幅值 $A(\omega)$ 和 $\varphi(\omega)$，幅值与相角组成一个个向量，将它们画在极坐标平面上，把各向量的矢端连接起来就描绘出一条曲线，如图 5.5 所示，这条描绘出来的曲线叫做幅相频率特性曲线，又叫奈奎斯特曲线，也叫极坐标图，简称奈氏曲线。

2）对数频率特性曲线

对数频率特性曲线又称为伯德（Bode）图，将频率特性 $G(j\omega) = A(\omega)e^{j\varphi(\omega)}$ 两边取对数，得

$$\lg G(j\omega) = \lg[A(\omega)e^{j\varphi(\omega)}] = \lg A(\omega) + j\varphi(\omega)\lg e = \lg A(\omega) + j0.434\varphi(\omega)$$

由上式，把对数幅频特性定义为 $L(\omega) = 20\lg A(\omega)$，对数相频特性定义为 $\varphi(\omega) = \angle G(\omega)$。

如图 5.6 所示，对数频率特性曲线画在对数坐标平面上，横坐标是对 ω 取以 10 为底的对数进行分度的，即以 $\lg \omega$ 分度的，频率 ω 每变化十倍，横坐标 $\lg \omega$ 就增加一个单位长度，记为 decade 或简写为 dec，称之为"十倍频"或"十倍频程"。

对数幅频特性曲线的纵坐标采用对数分度，单位是分贝，记作 dB；对数相频特性曲线的纵坐标是对相角进行分度的，单位是度（°）。对数幅频特性曲线和对数相频特性曲线合起来称为 Bode 图。

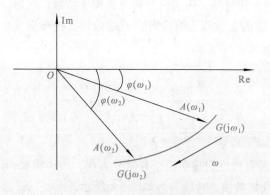

图 5.5　幅相频率特性曲线

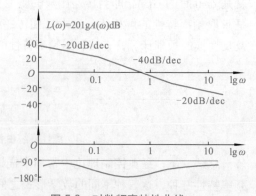

图 5.6　对数频率特性曲线

4．常见的典型环节的传递函数、频率特性和对数频率特性

(1) 比例环节

传递函数：$G(s) = \dfrac{C(s)}{R(s)} = K$；

频率特性：$G(j\omega) = \dfrac{C(j\omega)}{R(j\omega)} = K$；

对数频率特性：$L(\omega) = 20\lg|G(j\omega)| = 20\lg K \text{ (dB)}$，$\varphi(\omega) = \angle G(j\omega) = 0°$

(2) 积分环节

传递函数：$G(s) = \dfrac{C(s)}{R(s)} = \dfrac{1}{\tau s}$；

频率特性：$G(j\omega) = \dfrac{C(j\omega)}{R(j\omega)} = \dfrac{1}{j\omega\tau}$；

对数频率特性：$L(\omega) = 20\lg|G(j\omega)| = -20\lg\tau\omega = -20\lg\tau - 20\lg\omega \text{ (dB)}$，$\varphi(\omega) = \angle G(j\omega) = -90°$。

(3) 微分环节

传递函数：$G(s) = \dfrac{C(s)}{R(s)} = \dfrac{1}{\tau s}$；

频率特性：$G(j\omega) = \dfrac{C(j\omega)}{R(j\omega)} = \dfrac{1}{j\omega\tau}$；

对数频率特性：$L(\omega) = 20\lg|G(j\omega)| = 20\lg\tau\omega \text{ (dB)}$，$\varphi(\omega) = \angle G(j\omega) = 90°$。

(4) 惯性环节

传递函数：$G(s) = \dfrac{C(s)}{R(s)} = \dfrac{1}{Ts+1}$；

频率特性：$G(j\omega) = \dfrac{C(j\omega)}{R(j\omega)} = \dfrac{1}{j\omega T+1}$；

对数频率特性：$L(\omega) = 20\lg|G(j\omega)| = 20\lg\dfrac{1}{\sqrt{(T\omega)^2+1}} = -20\lg\sqrt{(T\omega)^2+1}$，$\varphi(\omega) = \angle G(j\omega) = -\arctan T\omega$。

(5) 一阶微分环节

传递函数：$G(s) = \dfrac{C(s)}{R(s)} = \dfrac{1}{Ts+1}$；

频率特性：$G(j\omega) = \dfrac{C(j\omega)}{R(j\omega)} = \dfrac{1}{j\omega T+1}$；

对数频率特性：$L(\omega) = 20\lg|G(j\omega)| = 20\lg\dfrac{1}{\sqrt{(T\omega)^2+1}} = -20\lg\sqrt{(T\omega)^2+1}$，$\varphi(\omega) = \angle G(j\omega) = -\arctan T\omega$。

(6) 二阶振荡环节

传递函数：$G(s) = \dfrac{C(s)}{R(s)} = \dfrac{1}{(Ts)^2+2\zeta Ts+1}$；

频率特性：$L(\omega) = 20\lg|G(j\omega)| = 20\lg\sqrt{\dfrac{1}{(1-\omega^2T^2)^2+(2\zeta\omega T)}} = -20\lg\sqrt{(1-\omega^2T^2)^2+(2\zeta\omega T)^2}$；

对数频率特性：$L(\omega) = 20\lg|G(j\omega)| = 20\lg\sqrt{\dfrac{1}{(1-\omega^2T^2)^2+(2\zeta\omega T)}} = -20\lg\sqrt{(1-\omega^2T^2)^2+(2\zeta\omega T)^2}$，

$\varphi(\omega) = \angle G(j\omega) = -\arctan\left(\dfrac{2\zeta T\omega}{1-T^2\omega^2}\right)$。

(7) 延迟环节

传递函数：$G(s) = e^{-\tau s}$；

频率特性：$G(j\omega) = e^{-j\tau s}$；

对数频率特性：$L(\omega) = 20\lg|G(j\omega)| = 20\lg 1 = 0$，$\varphi(\omega) = \angle G(j\omega) = -\tau\omega = -\dfrac{180°}{3.14}\cdot\tau\omega = (-57.3\tau\omega)° = (-57.3\tau 10^{\lg\omega})°$

(8) 不稳定环节

传递函数：$G(s) = \dfrac{1}{Ts-1}$;

频率特性：$G(j\omega) = \dfrac{1}{-1+j\omega T}$;

对数频率特性：$L(\omega) = 20\lg|G(j\omega)| = 20\lg\dfrac{1}{\sqrt{1+\omega^2T^2}} = -10\lg(1+\omega^2T^2)$, $\varphi(\omega) = \angle G(j\omega) = -\arctan\dfrac{\omega T}{-1} = -180° + \arctan\omega T$

5. 最小相位系统的概念

若传递函数的极点和零点均在 s 复平面的左侧的系统称为最小相位系统。若传递函数的极点和 (或) 零点有在 s 复平面右侧的系统称为非最小相位系统。传递函数的分子、分母中无正实根且无延迟环节时，该系统必定为最小相位系统。

最小相位系统的对数幅频特性和对数相频特性存在确定的对应关系。非最小相位系统对数幅频特性的斜率和最小相位系统相同，而对数相频特性曲线是不同的。

最小相位系统的对数相频特性和幅频特性是一一对应的，知道对数幅频特性，也就知道其对数相频特性。因此，对于最小相位系统，只要根据对数幅频特性就能写出其传递函数。利用 Bode 图对最小相位系统进行分析时，只分析对数幅频特性。

三、任务分析与实施

 训练任务①

常用于构成控制系统传递函数的典型环节主要是七种：比例环节、积分环节、微分环节、惯性环节、一阶微分环节、二阶振荡环节、延迟环节。在相关知识点中，已经列出各典型环节的数学表示，主要有传递函数、频率特性、对数频率特性等三种形式，需理清这三者之间的关系。本任务是借助 MATLAB 工具软件学习绘制各种常见典型环节的 Bode 图，并能够对绘制的 Bode 图作简要分析。

 分析与实施

MATLAB 中绘制系统 Bode 图的函数调用格式为：

```
bode(num,den)                    % 频率响应 ω 的范围由软件自动设定
bode(num,den,w)                  % 频率响应 ω 的范围由人工设定
[mag,phase,w]=bode(num,den,w)    % 指定幅值范围和相角范围的伯德图
```

以下利用上述第二、三种函数进行各典型环节 Bode 图的绘制。

1. 比例环节

已知某一比例环节的传递函数为 $G(s) = 4$，在 MATLAB 软件的命令窗口（Command Window）中输入下列语句，如图 5.7 所示。

```
num=4;                % 开环传递函数的分子系数向量
den=1;                % 开环传递函数分母的系数向量
w=logspace(-2,3);     % 确定 ω 从 10⁻² 到 10³ 之间按对数等分取 50 个值
bode(num,den,w);      % 绘制指定 ω 范围的伯德图
grid on               % 打开伯德图网格
```

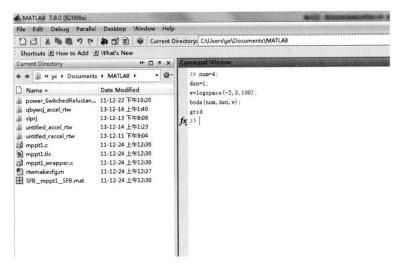

图 5.7　MATLAB 软件的命令窗口

绘制出的伯德（Bode）图如图 5.8 所示，对数幅频特性曲线是一条幅值等于 $20\lg K$ 的水平线，对数相频特性曲线与 0º 线重合。

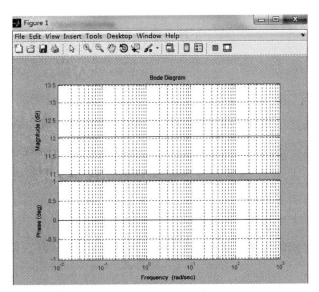

图 5.8　比例环节的 Bode 图

2．积分环节

已知某一积分环节的传递函数为 $G(s)=\dfrac{1}{s}$，在 MATLAB 软件的命令窗口（Command Window）中输入下列语句：

```
num=1;
den=[1    0];
w=logspace(-2,3);
bode(num,den,w);
grid on
```

绘制出的伯德（Bode）图如图 5.9 所示，对数幅频特性曲线是一条过点 (1,0)、斜率为 -20dB/

dec 的直线，对数相频特性曲线是一条平行于横轴的 -90° 直线。

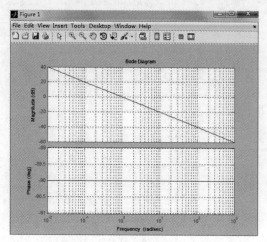

图 5.9　积分环节的 Bode 图

3．微分环节

已知某一微分环节的传递函数为 $G(s)=s$，在 MATLAB 软件的命令窗口（Command Window）中输入下列语句：

```
num=[1   0];
den=1;
w=logspace(-2,3);
bode(num,den,w);
grid on
```

绘制出的伯德（Bode）图如图 5.10 所示，对数幅频特性曲线是一条过点 (1，0)、斜率为 20dB/dec 的直线，对数相频特性曲线是一条平行于横轴的 90° 直线。

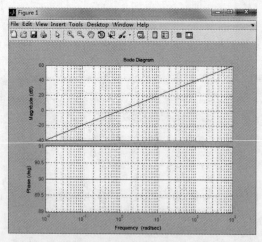

图 5.10　微分环节的 Bode 图

4．惯性环节

已知某一惯性环节的传递函数为 $G(s)=\dfrac{1}{2s+1}$，在 MATLAB 软件的命令窗口（Command Window）中输入下列语句：

```
num=1;
den=[2    1];
w=logspace(-2,3);
bode(num,den,w);
grid on
```

绘制出的伯德（Bode）图如图 5.11 所示，对数幅频特性曲线在 $T\omega\ll1$（或 $\omega\ll1/T$）的区段，可以近似地认为 $T\omega\approx0$，所以在频率很低时，对数幅频特性可以近似用零分贝线表示，这称为低频渐近线；在 $T\omega\gg1$（或 $\omega\gg1/T$）的区段，可以近似地认为是一条斜率为 -20dB/dec 的斜线，称为高频渐近线，与低频渐近线的交点为 $\omega_T=1/T$，ω_T 称为转折频率。如图 5.12 所示，在手工绘制对数频率特性曲线时，为了简化绘制过程，常绘制渐近对数幅频特性曲线；如需由渐近对数幅频特性曲线获取精确曲线，只须分别在低于或高于转折频率的一个十倍频程范围内对渐近对数幅频特性曲线进行修正就可以了，如转折频率 ω_T 处对应的精确值是 $L(\omega_T)=(0-3)\text{dB}=-3\text{dB}$。

对数相频特性曲线对称于点 $(\omega_T,-45°)$，在整个频率范围内，$\varphi(\omega)$ 呈现滞后持续增加的趋势，极限为 $-90°$。

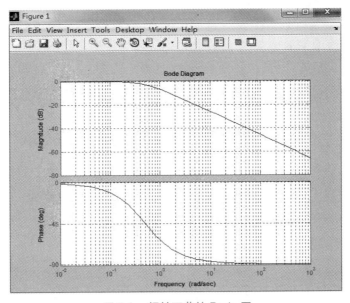

图 5.1　惯性环节的 Bode 图

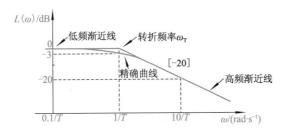

图 5.12　惯性环节的渐近对数幅频特性曲线

5．一阶微分环节

已知某一阶微分环节的传递函数为 $G(s)=3s+1$，在 MATLAB 软件的命令窗口（Command Window）中输入下列语句：

```
num=[3  1];
den=1;
w=logspace(-2,3);
bode(num,den,w);
grid on
```

绘制出的伯德（Bode）图如图 5.13 所示，对数幅频特性曲线在 $T\omega\ll1$（或 $\omega\ll1/T$）的区段可以近似用零分贝线表示，为低频渐近线；在 $T\omega\gg1$（或 $\omega\gg1/T$）的区段，可以近似地认为高频渐近线是一条斜率为 20dB/dec 的斜线，转折频率为 $\omega_T=1/T$。如图 5.14 所示，渐近对数幅频特性曲线与精确曲线的差别只在于低于或高于转折频率的一个十倍频程范围内对渐近对数幅频特性曲线进行修正，如转折频率 ω_T 处对应的精确值是 $L(\omega_T)=(0+3)\text{dB}=3\text{dB}$。

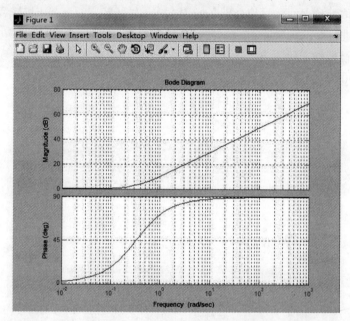

图 5.13　一阶微分环节的 Bode 图

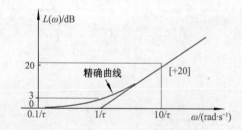

图 5.14　一阶微分环节的渐近对数幅频特性曲线

对数相频特性曲线对称于点 $(\omega_T, 45°)$，在整个频率范围内，$\varphi(\omega)$ 呈现超前持续增加的趋势，极限为 90°。

一阶微分环节具有放大高频信号的作用，输入频率 ω 越大，放大倍数越大；且输出超前于输入，相位超前范围为 0°→90°，输出对输入有提前性、预见性作用。一阶微分环节的典型实例是控制工程中常用的比例微分控制器（PD 控制器），PD 控制器常用于改善二阶系统的动态性能，但存在放大高频干扰信号的问题。

6．二阶振荡环节

已知三个二阶振荡环节的传递函数分别为 $G_1(s)=\dfrac{1}{(2s)^2+2\times0.1\times2s+1}$（$\zeta=0.1$），

$G_2(s)=\dfrac{1}{(2s)^2+2\times0.4\times2s+1}$（$\zeta=0.4$），$G_3(s)=\dfrac{1}{(2s)^2+2\times0.5\times2s+1}$（$\zeta=0.5$），$G_4(s)=\dfrac{1}{(2s)^2+2\times0.7\times2s+1}$

（$\zeta=0.7$），在 MATLAB 软件的命令窗口（Command Window）中输入下列语句：

```
g1=tf([1],[4 0.4 1]);
g2=tf([1],[4 1.6 1]);
g3=tf([1],[4 2 1]);
g4=tf([1],[4 2.8 1]);
bode(g1,'r',g2,'b',g3,'g',g4,'y');
legend(' ζ=0.1',' ζ=0.4',' ζ=0.5',' ζ=0.7');
grid on
```

绘制出的伯德（Bode）图如图 5.15 所示，对数幅频特性曲线在 $T\omega\ll1$（或 $\omega\ll1/T$，并考虑到 $0\leqslant\zeta\leqslant1$）的区段可以近似用零分贝线表示，为低频渐近线；在 $T\omega\gg1$（或 $\omega\gg1/T$，并考虑到 $0\leqslant\zeta\leqslant1$) 的区段，可以近似地认为高频渐近线是一条斜率为 -40dB/dec 的斜线，转折频率为 $\omega_T=1/T$，如图 5.16 所示。

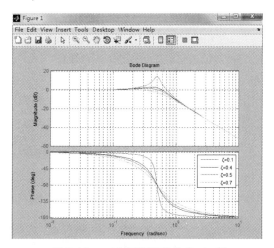

图 5.15　二阶振荡环节的 Bode 图

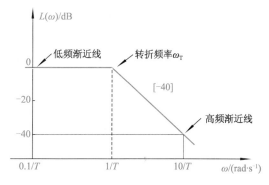

图 5.16　二阶振荡环节的渐近对数幅频特性曲线

可见 $\zeta<0.4$ 时，渐近线需要加尖峰修正。随着 ζ 的减小，谐振峰值 M_r 增大，谐振频率 ω_r 也越接近振荡环节的无阻尼自然振荡频率 ω_n。谐振峰值 M_r 越大，表明系统的阻尼比 ζ 越小，系统的相对稳定性就越差，单位阶跃响应的最大超调量 $\sigma\%$ 也越大。当 $\zeta=0$ 时，$\omega_r\approx\omega_n$，$M_r\approx\infty$，即振荡环节处于等幅振荡状态。

另外由图 5.15 中对数相频特性曲线可知，当 $\omega=0$ 时，$\varphi(\omega)=0$；$\omega=1/T$（$T=4$，$1/T=0.25$）时，$\varphi(\omega)=-90°$；$\omega\rightarrow\infty$ 时，$\varphi(\omega)\rightarrow-180°$。与惯性环节相似，振荡环节的对数相频特性曲线将对应于 $\omega=1/T$ 及 $\varphi(\omega)=-90°$ 这一点斜对称。振荡环节具有相位滞后的作用，输出滞后于输入的范围为 $0°\rightarrow-180°$；同时 ζ 的取值对曲线形状的影响较大。

7．延迟环节

MATLAB 提供的函数 bode() 不能直接绘制具有延迟环节系统的 Bode 图，因为延迟环节不影响系统的幅频特性，只影响系统的相频特性，故可以通过对相频的处理结合绘图函数来绘制具有延迟环节的 Bode 图。

已知某一延迟环节的传递函数为 $G(s) = e^{-0.5s}$ ，在 MATLAB 软件的命令窗口（Command Window）中输入下列语句：

```
num=[1];
den=[1];
w=logspace(-2,3,100);
[mag,phase,w]=bode(num,den,w);              %计算频率特性的幅值和相角
phase1=phase-0.5*57.3*w;                     %加上延迟环节后的相频特性
subplot(2,1,1);                  %将图形窗口分为2*1个子图,在第1个子图处绘制图形
semilogx(w,201g10(mag))                      %绘制幅频特性
axis([0.01,1000,-100,50]);
grid on;
ylabel('L(w)/dB');                          %设置幅频特性的纵坐标标签
title('Bode Diagram of G(s)=e-0.5s');       %设置对数频率特性的标题
subplot(2,1,2);                  %将图形窗口分为2*1个子图,在第2个子图处绘制图形
semilogx(w,phase1)                          %绘制相频特性
axis([0.01,1000,-270,-90]);
grid on;
ylabel('φ(w)(deg)') ;                       %设置幅频特性的纵坐标标签
xlabel(' Frequency (rad/sec)');             %设置对数频率特性的横坐标标签
```

绘制出的伯德（Bode）图如图 5.17 所示。

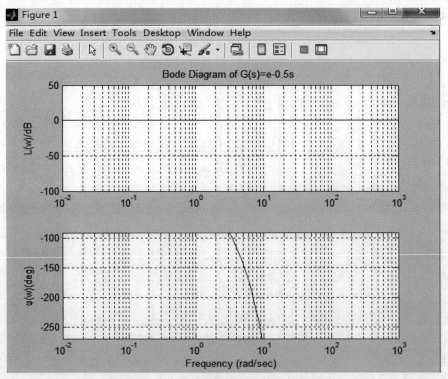

图 5.17　延迟环节的 Bode 图

任务二　开环对数频率特性曲线的绘制

一、任务导入

系统的频率特性有两种，由反馈点是否断开分为闭环频率特性 $\Phi(j\omega)$ 与开环频率特性 $G_k(j\omega)$，分别对应于系统的闭环传递函数 $\Phi(s)$ 与开环传递函数 $G_k(s)$。由于系统的开环传递函数较易获取，并与系统的元件一一对应，在控制系统的频率分析法中，分析与设计系统一般是基于系统的开环频率特性。控制系统的开环频率特性由除延迟环节和不稳定环节之外的典型环节组成，如下所示。

$$G_k(j\omega) = \frac{K}{(j\omega)^v} \times \frac{\prod_{i=1}^{m_1}(j\omega T_i + 1)\prod_{k=1}^{m_2}(-\tau_k^2\omega^2 + 2j\omega\zeta_k\tau_k + 1)}{\prod_{j=1}^{n_1}(j\omega T_j + 1)\prod_{l=1}^{n_2}(-T_l^2\omega^2 + 2j\omega\zeta_l T_l + 1)}$$

已知某一控制系统的开环传递函数为：$G(s) = \dfrac{1000(0.5s + 1)}{s(2s + 1)(s^2 + 10s + 100)}$，试绘制该系统的开环 Bode 图。

要完成上述任务，需了解系统开环对数频率特性曲线的绘制方法，介绍如下。

二、相关知识点

1. 系统开环 Bode 图的简便画法

若系统的开环传递函数 $G(s)$ 为 $G(s)=G_1(s)G_2(s)G_3(s)$，则其对应的开环频率特性为

$$G(j\omega)=G_1(j\omega)G_2(j\omega)G_3(j\omega)$$

其对应的开环幅频特性为

$$\begin{aligned}L(\omega)&=20\lg[A_1(\omega)A_2(\omega)A_3(\omega)]\\&=20\lg A_1(\omega)+20\lg A_2(\omega)+20\lg A_3(\omega)\\&=L_1(\omega)+L_2(\omega)+L_3(\omega)\end{aligned}$$

其对应的开环相频特性为

$$\varphi(\omega)= \varphi_1(\omega)+ \varphi_2(\omega)+ \varphi_3(\omega)$$

由此可见，串联环节总的对数幅频特性等于各环节对数幅频特性的和，这是由于：幅频特性取分贝数 $[20\lg|G(j\omega)|]$ 后，使各因子间的乘除运算变为加减运算，在 Bode 图上则变为各因子幅频特性曲线的叠加，大大简化了作图过程，使系统设计和分析变得容易。

另外，串联环节总的对数相频特性等于各环节对数相频特性的和。所以，在绘制控制系统伯德图时总是先把系统的开环传递函数化成典型环节的乘积，然后按照叠加的关系进行绘制，简化作图过程。下面具体介绍绘制控制系统 Bode 图的步骤。

2. 绘制开环控制系统 Bode 图的一般步骤

绘制开环控制系统 Bode 图的一般步骤如下。

（1）将控制系统的开环传递函数化成典型环节的乘积，整理成标准形式。

（2）计算出各典型环节的转折频率，将它们按由小到大的次序排列。

（3）选定 Bode 图频率范围。一般最低频率为系统最低转折频率的 1/10 左右，最高频率为最高转折频率的 10 倍左右。

（4）在对数幅频特性图上，找到横坐标为 $\omega=1$、纵坐标为 $20\lg K$ 这点，过该点作斜率为 -20^{ν} dB/dec 的斜线。其中 ν 为系统中理想积分环节的个数，直到第一个转折频率 ω_1。如果 $\omega_1 < 1$，则该直线延长线经过（1，$20\lg K$）点。

（5）在对数幅频特性图上，按下述原则依次改变系统 $L(\omega)$ 的斜率：

若过惯性环节的转折频率，斜率减去 20dB/dec；

若过比例微分环节的转折频率，斜率加上 20dB/dec；

若过振荡环节的转折频率，斜率减去 40dB/dec；

若过二阶微分环节的转折频率，斜率加上 40dB/dec。

（6）如有必要，可对对数渐进幅频特性进行修正，以得到精确的对数幅频特性。修正方法与典型环节的修正方法相同，通常只须修正各转折频率处以及转折频率的 2 倍频和 1/2 倍频处的幅值就可以了。

（7）在对数相频特性图上，分别画出各典型环节的对数相频特性曲线（惯性环节、比例微分环节、振荡环节和二阶微分环节的对数相频特性曲线用模型板画更方便）。将各典型环节的对数相频特性曲线沿纵轴方向迭加，便可得到系统的对数相频特性曲线。当然，也可求出 $\varphi(\omega)$ 的表达式，逐点描绘。这里要指出如果系统串联有延迟环节，将不影响系统的开环对数幅频特性，只影响系统的对数相频特性，则绘制对数相频特性时需求出相频特性的表达式，直接描点绘制对数相频特性曲线。

3．由 Bode 图求相应的传递函数

系统传递函数的一般表达式为：$G(s) = \dfrac{K\prod\limits_{i=1}^{m}(T_i s + 1)}{s^{\nu}\prod\limits_{j=1}^{n}(T_j s + 1)}$，根据伯德图确定传递函数主要是确定增益 K，而时间常数 T_i、T_j 等参数则可从图上直接确定。以下举例来说明由 Bode 图求取系统传递函数的方法。

例如图 5.18 所示，由各系统的对数幅频特性曲线的渐近线，并求图 (a)、(b)、(c) 中各系统的传递函数。

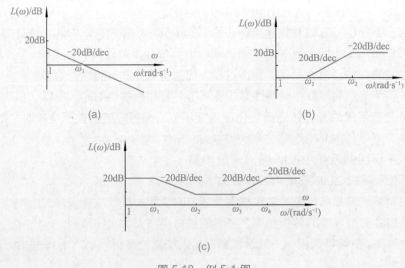

图 5.18　例 5-1 图

解：（1）图 (a) 中这条对数幅频特性曲线是一条斜率为 -20dB/dec、过点 (ω_1, 0) 的直线，则可知低频段的斜率为 -20dB/dec，该系统含一个积分环节，比例环节是每个控制系统都包含的，则其传递函数为 $G(s)=K/s$。

由传递函数可推知 $\omega=1$ 时，$L(\omega)=20\lg K$；另外由于该直线过点 (10, 0)，则有 $\omega=10$ 时，$L(\omega)=0$dB，可得 $\dfrac{20\lg K-0}{\lg 1-\lg \omega_1}=-20$，计算得 $K=\omega_1$。

综上所述，可得此环节的传递函数为：$G(s)=\dfrac{\omega_1}{s}$。

（2）由图 (b) 可见，其低频段为一水平直线，所以它不含积分环节（即 $v=0$）；又由于低频段的高度为 $L(\omega)=L(1)=20\lg K=0$，可求得 $K=1$。

由过点 ω_1 斜率增加 20dB/dec 可知，含一比例微分环节 ($T_1 s+1$)，式中，$T_1=1/\omega_1$。

由过点 ω_2 斜率增加 -20dB/dec 可知，含一惯性环节 $1/(T_2 s+1)$，式中，$T_2=1/\omega_2$。

综上所述，可得此环节的传递函数为

$$G(s)=(T_1 s+1)\frac{1}{T_2 s+1}=\left(\frac{1}{\omega_1}s+1\right)\frac{1}{\frac{1}{\omega_2}s+1}$$

（3）由图 (c) 可知，其低频段为一水平直线，所以它不含积分环节（即 $v=0$）；又由于低频段的高度为 $L(\omega)=L(1)=20\lg K=20$，可求得 $K=10$。

由过点 ω_1 斜率增加 -20dB/dec 知，含一惯性环节 $1/(T_2 s+1)$，式中，$T_1=1/\omega_1$。

由过点 ω_2 斜率增加 20dB/dec 知，含一比例微分环节 ($T_2 s+1$)，式中，$T_2=1/\omega_2$。

由过点 ω_3 斜率增加 20dB/dec 知，含一比例微分环节 ($T_3 s+1$)，式中，$T_3=1/\omega_3$。

由过点 ω_4 斜率增加 -20dB/dec 知，含一惯性环节 $1/(T_4 s+1)$，式中，$T_4=1/\omega_4$。

综上所述，可得此环节的传递函数为

$$G(s)=K\frac{1}{T_1 s+1}(T_2 s+1)(T_3 s+1)\frac{1}{T_4 s+1}=\frac{10\left(\dfrac{1}{\omega_2}s+1\right)\left(\dfrac{1}{\omega_3}s+1\right)}{\left(\dfrac{1}{\omega_1}s+1\right)\left(\dfrac{1}{\omega_4}s+1\right)}$$

总结一下，由 Bode 图求取传递函数的步骤：

① 由低频段的斜率为 (-20dB/dec)^v，可推知所含积分环节的个数 v；

② 由低频段在 $\omega=1$ 处的高度 $L(\omega)=20\lg K$[或由低频段斜线（或其延长线）与零分贝线交点] 来求得增益 K。

③ 由低频→高频，斜率每增加一个 +20dB/dec，即含一个比例微分环节；斜率每增加一个 -20dB/dec，即含一个惯性环节；斜率每增加一个 -40dB/dec，即含一个振荡环节，再由峰值偏离渐进线的偏差求得阻尼比 ζ。

三、任务分析与实施

 训练任务②

已知系统的开环传递函数如下：$G(s)=\dfrac{1000(0.5s+1)}{s(2s+1)(s^2+10s+100)}$，试绘制该系统的开环 Bode 图。

分析与实施

在手工绘制开环系统 Bode 图时，按照绘制开环控制系统 Bode 图的一般步骤，先将系统传递函数分解为典型环节乘积的形式，不必将各个典型环节的 $L(\omega)$ 绘出，而使用从低频到高频逐次变换斜率的方法绘出 $L(\omega)$ 曲线，$\varphi(\omega)$ 曲线则描点或叠加求取。

把系统开环传递函数分解成如下形式：

$$G(s) = 10(0.5s+1) \cdot \frac{1}{s} \cdot \frac{1}{2s+1} \cdot \frac{100}{s^2+10s+100}$$

可知系统开环包括了五个典型环节：

比例环节

$$G_1(s) = 10$$

一阶微分环节

$$G_2(s) = 0.5s+1 \qquad （转折频率：\omega_2 = 2 \text{ rad/s})$$

积分环节

$$G_3(s) = \frac{1}{s}$$

惯性环节

$$G_4(s) = \frac{1}{2s+1} \qquad （转折频率：\omega_4 = 0.5 \text{ rad/s})$$

二阶振荡

$$G_5(s) = \frac{100}{s^2+10s+100} \qquad （转折频率：\omega_5 = 10 \text{ rad/s})$$

选定 Bode 图频率范围为 0.1~100，在对数幅频特性图上，找到横坐标为 $\omega=1$、纵坐标为 20 这点，因只有一个积分环节，则过该点作斜率为 -20dB/dec 的斜线。但第一个转折频率 $\omega_4=0.5 < 1$，则该直线延长线经过点 $(1，20)$。第一个转折频率 ω_4 之后 $l(\omega)$ 的斜率为 -40dB/dec，第二个转折频率 ω_2 之后 $L(\omega)$ 的斜率为 -20dB/dec，第三个转折频率 ω_5 之后 $L(\omega)$ 的斜率为 -60dB/dec，如图 5.19 所示。

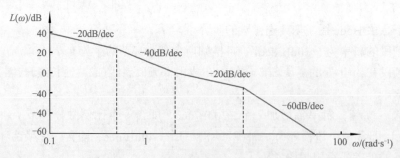

图 5.19　手工绘制的系统对数幅频特性曲线

对数相频特性为

$$\varphi(\omega) = \varphi_1(\omega) + \varphi_2(\omega) + \varphi_3(\omega) + \varphi_4(\omega) + \varphi_5(\omega)$$

$$= 0° + \arctan 0.5\omega - 90° - \arctan 2\omega - \arctan \frac{\omega/10}{1-\omega^2/100}$$

$$= -90° + \arctan 0.5\omega - \arctan 2\omega - \arctan \frac{\omega/10}{1-\omega^2/100}$$

由各环节的相频特性相加绘制出相频特性曲线，如图 5.20 所示。

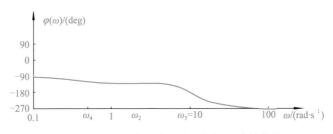

图 5.20 手工绘制的系统对数相频特性曲线

手工绘制了系统开环 Bode 图后，再利用 MATLAB 工具软件进行绘制。在 MATLAB 软件的命令窗口（Command Window）中输入下列语句：

```
num=[500    1000];
den=[2    21    210    100    0];
w=logspace(-1,2,100);
bode(num,den,w);
grid on
```

绘制出的伯德（Bode）图如图 5.21 所示，可见手工绘制和 MATLAB 工具软件绘制的结果一致。

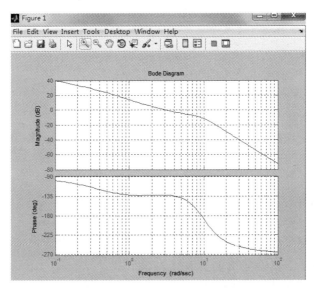

图 5.21 MATLAB 软件绘制的系统开环 Bode 图

任务三　系统性能的频域分析

一、任务导入

奈奎斯特稳定判据是利用系统开环幅相频率特性判断闭环系统稳定性的图解法。可用于判断闭环系统的绝对稳定性，也能计算系统的相对稳定指标，给出改善系统性能的方法。但是作奈奎斯特曲线较麻烦，而系统开环对数频率特性曲线 (Bode 图) 的绘制相对更为简单方便，所以工程上一般都是采用系统的开环 Bode 图来判断系统的稳定性，即对数频率稳定性判据。该判据不但可以回答系统稳定与否的问题，还可以研究系统的稳定裕量（相对稳定性），以及研究系统结构和参数对系统稳定性的影响。

已知某一系统的开环传递函数为 $G_K(s) = \dfrac{K}{(T_1 s + 1)(T_2 s + 1)}$，$T_1 > T_2$，试根据系统开环对数频率特性曲线判别其闭环系统的稳定性。

已知某一火炮指挥系统的开环传递函数 $G(s) = \dfrac{K}{s(0.2s + 1)(0.5s + 1)}$，系统最大输出速度为 *2 r/min*，输出位置的容许误差小于 *2°*。请确定满足上述指标的最小 *k* 值，并计算该 *K* 值下的相位裕量 γ 和增益裕量 K_g。

要完成以上任务需熟悉对数频率稳定性判据，并能够根据开环系统的伯德图分析其静态和动态性能。

二、相关知识点

1. 对数频率稳定性判据

奈奎斯特曲线与 Bode 图的对应关系如下：

（1）在 $G(j\omega)$ 平面上，$|G(j\omega)|=1$ 的单位圆对应于对数幅频特性的 0 分贝线，单位圆外部如 $(-\infty, -1)$ 区段对应 $L(\omega)>0dB$，单位圆内部对应 $L(\omega)<0dB$。

（2）从对数相频特性来看，$G(j\omega)$ 平面上的负实轴对应于对数相频特性上的 $\varphi(\omega)=-180°$。

（3）$(-1, j0)$ 点的向量表达式为 $1 \angle -180°$，对应于 Bode 图上穿过 0dB 线，并同时穿过 $\varphi(\omega)=-180°$ 的点。

如图 5.22 所示，穿越在 Bode 图上的含义：

（1）穿越：在 $L(\omega)>0dB$ 的频率范围内，相频特性曲线穿过 $-180°$；在 $L(\omega)<0dB$ 的频率范围内，相频特性曲线穿过 $-180°$ 的情况不属于穿越。

（2）正穿越 N+'：产生正的相位移，这时相频特性应由下部向上穿越 $-180°$ 线。

（3）负穿越 N-'：产生负的相位移，这时相频特性应由上部向下穿越 $-180°$ 线。

根据上述对应关系，结合使用正、负穿越情况的稳定判据，对数频率稳定性判据是指在 $L(\omega)>0dB$ 的频率范围内，根据相频曲线穿越 $-180°$ 相位线的次数对系统稳定性做出判定的方法，表述如下：

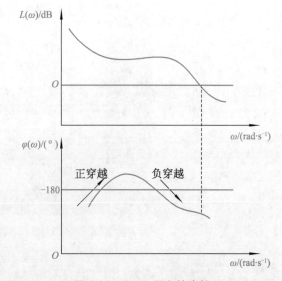

图 5.22 Bode 图上的穿越

设开环传递函数在右半 *s* 平面上的极点数为 P，当频率从 0 增加到 ∞ 时，在 $L(\omega) \geqslant 0dB$ 的频段内，对数相频特性曲线对 $-180°$ 相位线的正、负穿越次数分别为 N+' 与 N-'，则闭环右极点个数为

$$Z = 2(N^{-'} - N^{+'}) + P$$

对于型别 $v \geqslant 1$（即开环系统存在积分环节 $\dfrac{1}{s^v}$，若 Z=0 时闭环系统稳定，否则不稳定。v 为系统开环传递函数在原点处的极点数）的系统，应将 Bode 图对数相频特性在 $\omega \to 0$ 处向上补作 $v \cdot 90°$ 的虚直线；另对开环系统存在等幅振荡环节 $\dfrac{1}{(s^2 + \omega_n^2)^2}$（$v > 0$）时，需从对数相频特性曲线 $\varphi(\omega_{n-})$ 点起向上补作 $v \cdot 180°$ 的虚直线至处 $\varphi(\omega_{n+})$。待相频特性经过处理后，再使用上述稳定性判据。

2．控制系统的相对稳定性（稳定裕量）

当系统处于稳定状态，且接近临界稳定状态时，虽然从理论上讲，系统是稳定的，但实际上系统可能已处于不稳定状态。其原因可能是在建立系统数学模型时，采用了线性化等近似处理方法，或系统参数测量不准确，或系统参数在工作中发生变化等。

因此要求系统保有一定的相对稳定性（稳定裕量），这样才可以保证不致于分析设计过程中的简化处理，或系统的参数变化等因素而导致系统在实际运行中出现不稳定的现象。

系统稳定裕量用于表征系统的相对稳定程度，也就是系统的相对稳定性，经常作为控制系统的频率域性能指标。设计控制系统时，应在绝对稳定的前提下，保证一定的相对稳定性。稳定裕量通常用相位裕量和增益裕量来表示。

① 相位裕量 γ：是指当 $L(\omega)=0\mathrm{dB}$ 时，对应的 $\varphi(\omega)$ 高于 $-180°$ 线多少，用公式表示为

$$\gamma = \varphi(\omega_c) - (-180°) = 180° + \varphi(\omega_c)$$

其中，ω_c 表示 $L(\omega)$ 线穿过 0dB 线时的频率，称为幅值穿越频率。

显然，$\gamma > 0$ 时系统稳定，γ 越大系统相对稳定性越好。$\gamma = 0$ 时系统临界稳定，$\gamma < 0$ 时系统不稳定。

② 增益裕量 K_g：当 $\varphi(\omega) = -180°$ 时，对应的 $L(\omega)$ 低于 0dB 线多少，用公式表示为

$$K_g = 0 - L(\omega_g) = -20\lg A(\omega_g)$$

其中，ω_c 表示 $\varphi(\omega) = -180°$ 时的频率，称为相位穿越频率。

显然，$K_g > 0$ 时系统稳定，K_g 越大系统相对稳定性越好。$K_g = 0$ 时系统临界稳定，$K_g < 0$ 时系统不稳定。

从控制工程实践出发，为了确保系统的相对稳定性，要求系统具有 30°~60° 的相位裕量和 6~10 dB 的增益裕量。

3．利用开环频率特性分析系统的性能

对于最小相位系统来说，对数幅频特性与对数相频特性存在着一一对应的关系，反映系统的结构与参数，能够据此推出系统的传递函数。因此，根据系统的开环对数幅频特性 $L(\omega)$，就能了解系统的静态和动态性能。

如图 5.23 所示，常将系统开环幅频特性分成低、中、高三个频段。

低频段由积分环节和比例环节构成：曲线位置越高，K 值越大；低频段斜率越负，积分环节数越多。闭环系统在满足稳态性的条件下，稳态误差越小，动态响应的精度越高。

由开环频率特性来研究系统的动态性能，一般是用对数幅频特性的幅值穿越频率 ω_c 和相位裕量 γ 这两个特征量，这两个特征量都与系统中频段的形状有关。

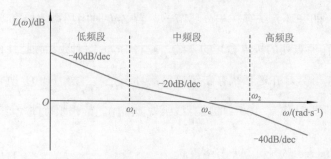

图 5.23 系统开环幅频特性的低、中、高三频段

开环对数幅频特性 $L(\omega)$ 的中频段是指 $L(\omega)$ 曲线在幅值穿越频率 ω_c 附近的区段，ω_c 反映了系统响应的快速性，在 Bode 图里中频段所占频率区间不能过宽，一般是 $L(\omega)$ 从大约 +30dB 过渡到约 -15dB 的范围内，否则系统平稳性难以满足要求。通常，取中频段斜率为 -20dB/dec。

高频段反映了系统对高频干扰信号的抑制能力。高频段的分贝值越低，系统的抗干扰能力越强。高频段对应系统的小时间常数，对系统动态性能影响不大。

三、任务分析与实施

训练任务 3

利用对数频率稳定性判据判断某一闭环系统是否稳定。

设系统的开环传递函数为 $G_K(s) = \dfrac{K}{(T_1 s + 1)(T_2 s + 1)}$，$T_1 > T_2$，系统开环对数频率特性曲线如图 5.24 所示，试判别闭环系统的稳定性。

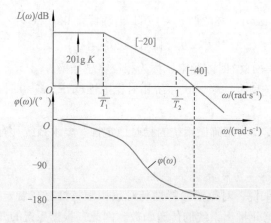

图 5.24 $G_K(s) = \dfrac{K}{(T_1 s + 1)(T_2 s + 1)}$，$T_1 > T_2$ 系统的开环对数频率特性曲线

分析与实施

由系统开环传递函数可知，开环系统是稳定的，即 $P=0$，在 $L(\omega) > 0$dB 的频率范围内，相频特性曲线 $\varphi(\omega)$ 不穿越 -180° 的相位线，即正、负穿越次数差为 0，由 $Z = 2(N_-' - N_+') + P$ 可知，$Z = 0$，故闭环系统稳定。

训练任务④

利用稳定裕量指标判断某一闭环系统是否稳定。

设火炮指挥系统的开环传递函数 $G(s) = \dfrac{k}{s(0.2s+1)(0.5s+1)}$，系统最大输出速度为 2 r/min，输出位置的容许误差小于 2°。请确定满足上述指标的最小 k 值，并计算该 k 值下的相位裕量 γ 和增益裕量 K_g。

分析与实施

$$k = \frac{R}{e_{ss}} = \frac{希望的输出速度}{容许的位置误差} = \frac{2 \times 360°/60}{2°} = 6$$

故

$$G(s) = \frac{6}{s(0.2s+1)(0.5s+1)}$$

$$幅频特性\ L(\omega) = \begin{cases} 20\lg\dfrac{6}{\omega} & \omega < 2 \\[2mm] 20\lg\dfrac{6}{\omega \cdot 0.5\omega} & 2 < \omega < 5 \\[2mm] 20\lg\dfrac{6}{\omega \cdot 0.5\omega \cdot 0.2\omega} & \omega > 5 \end{cases}$$

令 $L(\omega)=0$，可得幅值穿越频率 $\omega_C = 3.5 \text{rad/s}$。

相频特性 $\varphi(\omega) = 0° - 90° - \arctan 0.2\omega - \arctan 0.5\omega$，再用试探法求 $\varphi(\omega_g) = -180°$ 时的相角穿越频率 ω_g，得 $\omega_g = 3.2$ rad/s。

$$\gamma = 180° - 90° - \arctan(0.2\omega_c) - \arctan(0.5\omega_c) = -4.9° < 0°$$

$$K_g = 0 - L(\omega_g) = -20\lg\frac{6}{0.5 \times 3.2^2} = -1.38 \text{(dB)}$$

所以系统不稳定。

小　　结

频率特性是线性定常系统在正弦函数作用下，稳态输出与输入之比对频率的关系，频率特性也是一种数学模型。频率特性是传递函数的一种特殊形式。将系统（或环节）传递函数中的 s 换成纯虚数，得系统（或环节）的频率特性。

频率特性分析法，又称为频域分析法，是一种图解的分析方法，它不必直接求解系统输出的时域表达式，不需要求解系统的闭环特征根，具有较多的优点。例如：

（1）根据系统的开环频率特性能揭示闭环系统的动态性能和稳态性能，得到定性和定量的结论，可以简单迅速地判断某些环节或者参数对系统闭环性能的影响，并提出改进系统的方法。

（2）时域指标和频域指标之间有对应关系，而且频率特性分析中大量使用简洁的曲线、图表及经验公式，简化控制系统的分析与设计。

（3）具有明确的物理意义，它可以通过实验的方法，借助频率特性分析仪等测试手段直接求得元件或系统的频率特性，建立数学模型作为分析与设计系统的依据，这对难于用理论分析的方法去建立数学模型的系统尤其有利。

（4）频率分析法使得控制系统的分析十分方便、直观，并且可以拓展应用到某些非线性系统中。

开环系统的伯德图是控制系统工程设计的主要工具。本项目中给出了借助 MATLAB 工具软件绘制各典型环节伯德图的方法。对系统开环对数频率特性曲线的绘制，分别给出了手工和 MATLAB 工具软件的两种绘制方法。

工程上一般都是采用系统的开环 Bode 图来判断系统的稳定性，即对数频率稳定性判据。该判据是奈奎斯特稳定判据在伯德图上的应用，不但可以回答系统稳定与否的问题，还可以研究系统的稳定裕量（相对稳定性），以及研究系统结构和参数对系统稳定性的影响。

开环对数幅频特性曲线低频段的斜率表征了系统的类型；低频段的高度表征了开环放大系数的大小。因而，低频段表征了系统的稳态误差。另外，中频段的截止频率 ω_c 以及中频段的斜率则表征了系统的动态性能，高频段表征系统抗干扰的能力的强弱。

思考与练习

5-1 什么是控制系统的频域分析法？

5-2 控制系统的频率特性、微分方程以及传递函数三者的关系是怎样的？

5-3 在作惯性环节 $\dfrac{1}{1+Ts}$ 的 Bode 图时，用折线近似幅频特性，在转折频率 $\omega=1/T$ 处的误差如何计算？

5-4 Ⅰ型的系统开环传递函数为 $G(s)=\dfrac{100(s+2)}{s(s+1)(s+20)}$，试绘制该系统的 Bode 图。

5-5 最小相位系统对数幅频渐近特性如图 5.25 所示，请确定系统的传递函数。

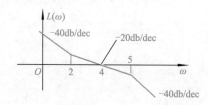

图 5.25 题 5.5 图

5-6 单位反馈控制系统开环传递函数为 $G(s)=\dfrac{as+1}{s^2}$，试确定使相位裕度 $\gamma=45°$ 的 a 值。

5-7 已知单位反馈系统的开环传递函数 $G(s)=\dfrac{100\left(\dfrac{s}{2}+1\right)}{s(s+1)\left(\dfrac{s}{10}+1\right)\left(\dfrac{s}{20}+1\right)}$，试求该系统的相位裕量和增益裕量。

自动控制系统的校正

🔖 学习目标

（1）理解校正的概念和控制系统的性能指标。

（2）熟悉校正的基本方法。

（3）正确理解控制系统的基本控制规律和常用校正装置特点，理解它们在改善系统性能中的作用。

（4）能利用控制系统的开环对数频率特性曲线（伯德图），分析串联校正装置对系统动、稳态性能的影响。

（5）能从传递函数出发，分析反馈校正和前馈校正对系统动、稳态性能的影响。

🔖 知识重点

（1）控制系统的基本控制规律。

（2）常用的无源校正装置与有源校正装置的区别和特点。

（3）常用校正装置特点，理解它们在改善系统性能中的作用。

🔖 知识难点

（1）常用校正装置特点，理解它们在改善系统性能中的作用。

（2）串联校正、反馈校正和顺馈校正的应用。

🔖 建议学时

12～16学时。

🔖 单元结构图

任务一　校正的基本概念、校正装置和基本方式

一、任务导入

自动控制系统研究内容主要分为系统分析和系统设计两方面。前面介绍了系统分析的方法，为控制系统的分析提供了必要的理论依据。系统的分析过程是指已知控制系统的结构和参数，研究和分析其静、动态性能。另一方面在被控对象已知的前提下，根据实际生产中对系统提出的各项性能要求，设计一个装置改善原有系统，使系统静、动态性能满足实际需要，称此过程为系统校正。那么这个装置有哪些类型？特性是什么？怎样校正？对系统性能有哪些方面的影响呢？

二、相关知识点

1. 控制系统设计与校正的基本概念

1）控制系统的设计与校正

系统的校正问题，是一种原理性的局部设计，就是在工程实际中，根据对系统提出的性能指标要求，选择具有合适的结构和参数的控制器，使之与被控对象组成的系统满足实际性能指标的要求。系统校正又称系统综合，校正的实质就是对象、执行机构和测量元件等主要部件已经确定的条件下，在系统中加入一定的机构或装置，使整个系统的结构和参数发生变化，即改变系统的零点、极点分布，从而改善系统的运行特性，使校正后系统的各项性能指标满足实际要求。这一原理性的局部设计问题通常称为系统的校正或动态补偿器设计。添加的装置和元件称为校正装置和校正元件。本单元就是研究控制系统校正的问题，包括串联校正、反馈校正和复合校正的设计思想和设计过程。

2）控制系统的性能指标

在工程中，经常需要根据给定控制对象要完成的特定任务，对控制系统提出性能指标方面的要求，这些指标常常与精度、相对稳定性和响应速度等有关。一般情况下，被控对象是固定的，性能指标是预先给定的，要求设计者必须适当选择控制装置的结构和参数，使控制装置与被控制对象组成的系统能满足性能指标要求。性能指标通常是由使用单位或被控对象的设计制造单位提出的，不同的控制系统对性能指标的要求应有不同的侧重。例如，调速系统对平稳性和稳定精度要求较高，而随动系统则侧重于快速性要求。

性能指标的提出，应符合实际系统的需要与可能。一般来说，性能指标不应当比完成给定任务所需要的指标更高。例如，若系统的主要要求是具备较高的稳态工作精度，则不必对系统的动态性能提出不必要的过高要求。实际系统能具备的各种性能指标，会受到组成元部件的固有误差、非线性特性、能源的功率以及机械强度等各种实际物理条件的制约。如果要求控制系统应具备较快的响应速度，则应考虑系统能够提供的最大速度和加速度，以及系统容许的强度极限。除了一般性指标外，具体系统往往还有一些特殊要求，如低速平稳性，对变载荷的适应性等，也必须在系统设计时分别加以考虑。

一般情况下，性能指标是用于衡量系统具体性能（平稳性、快速性和准确性）的参数，常用的时域性能指标有调量、调节时间、峰值时间、稳态误差与开环增益等。频域性能指标分为开环频域指标与闭环频域指标。其中常用的开环频域指标有幅值穿越频率、相位裕度与幅值裕

度。常用的闭环频域指标有谐振峰值、谐振频率和带宽。上面性能指标之间有一定的换算关系，但一般比较复杂。在实际应用中，常看作一阶或二阶系统进行粗略的换算，尽管这样带来了较大的误差，但却简化了理论设计过程。此外，理论设计的结果还要进行实验调整，这样就可以弥补一些换算不精确带来的影响。

2．常用校正装置及其特性

从本知识点开始分析各种类型的校正环节对系统性能的应用。校正装置根据本身是否另接电源，可分为无源校正装置和有源校正装置。

1）无源校正装置

无源校正装置通常是由电阻和电容组成的二端口网络，其结构简单、成本低，但会使信号在变换的过程中产生幅值衰减，且其输入阻抗较低，输出阻抗又较高，所以常常需要增设放大器或隔离放大器。

根据无源校正装置网络对系统频率相位的影响，又分为无源相位滞后校正装置、无源相位超前校正装置、无源相位滞后－超前校正装置。图 6.1 所示是几种典型的无源校正装置。根据它们对频率特性的影响，又分为相位滞后校正、相位超前校正和相位滞后－超前校正装置。表 6.1 中列出了有关的校正装置，传递函数和对数频率特性。

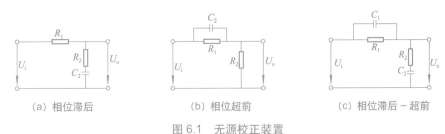

(a) 相位滞后　　　　(b) 相位超前　　　　(c) 相位滞后－超前

图 6.1　无源校正装置

表 6.1　几种典型的无源校正装置

校正装置	相位滞后校正装置	相位超前校正装置	相位滞后－超前校正装置
RC 络线路	(a)	(b)	(c)
传递函数	$G(S)=\dfrac{U_o(s)}{U_i(s)}=\dfrac{T_1s+1}{T_2s+1}$ 式中： $T_1=R_2C_2$， $T_2=(R_1+R_2)C_2$	$G(s)=\dfrac{U_o(s)}{U_i(s)}=\dfrac{K(T_1s+1)}{T_2s+1}$ 式中： $K=\dfrac{R_2}{R_1+R_2}$ $T_1=R_1C_1$； $T_2=\dfrac{R_1R_2}{R_1+R_2}C$ ； $T_1\geqslant T_2$	$G(s)=\dfrac{U_o}{U_i}$ $=\dfrac{(T_1s+1)(T_2s+1)}{(T_1s+1)(T_2s+1)+R_1C_2s}$ $=\dfrac{(T_1s+1)(T_2s+1)}{(T_1's+1)(T_2's+1)}$ 式中： $T_1=R_1C_1$ $T_2=R_2C_2$ $T_1<T_2$

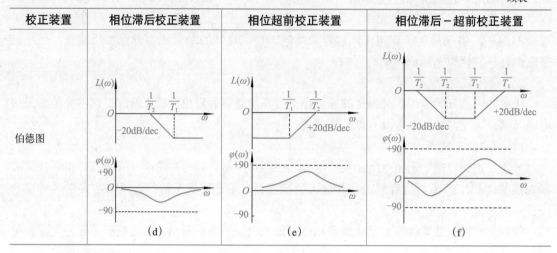

校正装置	相位滞后校正装置	相位超前校正装置	相位滞后－超前校正装置
伯德图	(d)	(e)	(f)

2）有源校正装置

实际控制系统中广泛采用无源网络进行串联校正，但在放大器级间接入无源校正网络后，由于负载效应问题，有时难以实现希望的控制规律。此外，复杂无源网络的设计和调整也不方便。因此，在工业过程控制系统中，常采用有源校正装置，有源校正装置是由运放器组成的调节器，如表 6.2 所示。

有源校正装置本身有增益，且输入阻抗高，输出阻抗低，只要改变反馈阻抗，就可以很容易地改变校正装置的结构，参数调整也方便。所以目前较多采用有源校正装置，但它的缺点是线路较复杂，须另外提供电源（通常需要正、负电压源）。常见的无源及有源校正网络详见附录 A。

表 6.2　几种典型的有源校正装置

调节器	比例－积分（PI）调节器	比例－微分（PD）调节器
校正装置	(a) 相位滞后校正	(b) 相位超前校正
传递函数	$\dfrac{U_o(s)}{U_i(s)} = \dfrac{K(T_1 s+1)}{T_1 s} = -\left(K + \dfrac{1}{T_2 s}\right)$ $K = \dfrac{R_1}{R_0}$ $T_1 = R_1 C_1$ $T_2 = R_0 C_1$	$\dfrac{U_o(s)}{U_i(s)} = -K(T_1 S+1) = -(T_2 s + K)$ $T_1 = R_0 C_0 \qquad K = \dfrac{R_1}{R_0}$ $T_2 = R_1 C_0$

调节器	比例－积分（PI）调节器	比例－微分（PD）调节器
伯德图	 （c）	 （d）
校正装置	 （e）相位滞后—超前校正	 （f）相位滞后—超前校正
传递函数	$\dfrac{U_o(s)}{U_i(s)} = -\dfrac{K(T_1s+1)(T_2s+1)}{T_1s}$ $\qquad = -(K' + \dfrac{1}{T_1's} + T_2's)$ $T_1 = R_1C_1 \qquad T_2 = R_0C_0$ $T_1' = R_0C_1 \qquad K = \dfrac{R_1}{R_0}$ $T_2' = R_1C_0 \qquad K' = \dfrac{R_1}{R_0} + \dfrac{C_0}{C_1}$	$\dfrac{U_o(s)}{U_i(s)} = -\dfrac{K(T_2s+1)(T_3s+1)}{(T_1s+1)(T_4s+1)}$ $K = \dfrac{R_1 + R_2 + R_3}{R_0}$ $T_1 = R_2C_1 \qquad T_2 = \dfrac{R_1R_2}{R_0 + R_2}C_1$ $T_3 = (R_3 + R_4)C_2 \qquad T_4 = R_4C_2$ $(R_0 \gg R_3)$
伯德图	 （g）	 （h）

3. 校正的基本方式

按照校正装置在系统中的安装位置，即与系统固有部分的连接方式，一般可分为串联校正、反馈校正（也称并联校正）和顺馈补偿校正。系统校正分类如表 6.3 所示。

表 6.3　系统校正分类

系统校正	串联校正	比例（P）校正（相位不变）
		比例—微分（PD）校正（相位超前校正）
		比例—积分（PI）校正（相位滞后校正）
		比例—积分—微分（PID）校正（相位滞后—超前校正）
	反馈校正	比例反馈校正（硬反馈）
		微分反馈校正（软反馈）
	顺馈补偿	输入顺馈补偿
		扰动顺馈补偿

1）串联校正

校正装置串联在系统固有部分的前向通路中，来改变系统的结构，以达到改善系统性能的方法，称为串联校正，如图 6.2 所示。串联校正是常用的设计方法，其设计与具体实现均比较简单。因为前部信号的功率较小，为了减少校正装置的输出功率，以降低成本和功耗，通常将串联校正装置通常安排在前向通道中功率等级最低的点上。

图 6.2　串联校正

2）反馈校正

校正装置与系统固有部分按反馈联接（或并联方式连接），形成局部反馈回路，称为反馈校正（也称并联校正），如图 6.3 所示。反馈校正信号是从高功率传向低功率点，一般无须附加放大器。适当地选择反馈校正回路的校正装置 $G_c(s)$，可使校正后的性能主要取决于校正装置，而与被反馈校正装置所包围的系统固有部分原特性无关。因此，反馈校正可以抑制系统的参数波动及非线性因素对系统性能的影响。但反馈校正装置的设计相当较为复杂。在反馈校正中，根据校正装置是否有微分环节，又可分为软反馈校正（有微分环节）和硬反馈校正（无微分环节）。

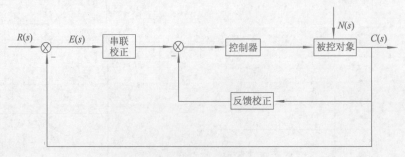

图 6.3　串联校正与反馈校正

对于一些要求较高的系统，可以同时采用串联校正与反馈校正如图 6.3 所示。如转速、电流双闭环电动机调速系统中既有串联校正装置速度调节器，又有用于反馈校正的电流负反馈回路，以防止电动机启动时产生过大的冲击电流。

3）顺馈校正

顺馈校正又称前馈校正，是在系统主反馈回路之外采用的校正方式。前馈校正装置接在系统给定值（或指令、参考输入信号）之后及主反馈作用点之前的前向通道上，如图 6.4（a）所示，这种校正方式的作用相当于对给定值信号进行整形或滤波后，再送入反馈系统，主要用于随动系统，使系统完全无误差地跟踪输入信号；另一种前馈校正装置接在系统可测扰动作用点与误差测量点之间，对扰动信号进行直接或间接测量，并经变换后接入系统，形成一条附加的对扰动影响进行补偿的通道，如图 6.4（b）所示，按前馈补偿可有效消除干扰对系统性能的影响，几乎可抑制所有可测量的扰动。电气调速系统中常用的电流补偿控制环节便是按照干扰（负载变化对直流电动机电枢电流的影响）进行扰动量前馈补偿的实例，可以防止负载变化对电动机转速的影响。前馈校正可以单独作用于开环控制系统，也可以作为反馈控制系统的附加校正而组成复合控制系统。

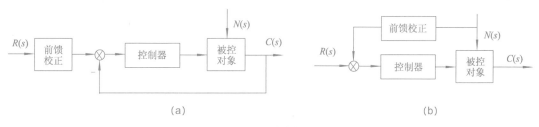

图 6.4　前馈校正

复合校正方式是在反馈控制回路中，加入前馈校正通路，组成一个有机整体，如图 6.5 所示。

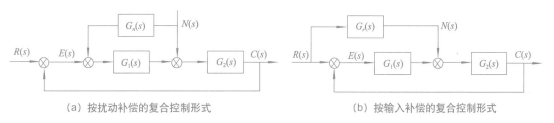

（a）按扰动补偿的复合控制形式　　　　（b）按输入补偿的复合控制形式

图 6.5　复合校正

在控制系统设计中，常用的校正方式为串联校正和反馈校正两种。究竟选用哪种校正方式，取决于系统中的信号的性质、技术实现的方便性、可供选用的元件、抗干扰性要求、经济性要求、环境使用条件以及设计者的经验等因素。

一般来说，串联校正设计比反馈校正设计简单，也比较容易对信号进行各种必要形式的变换。在直流控制系统中，由于传递直流电压信号，适于采用串联校正；在交流载波控制系统中，如果采用串联校正，一般应接在解调器和滤波器之后，否则由于参数变化和载频漂移，校正装置的工作稳定性很差。

在实际控制系统中，反馈校正所需元件数目比串联校正少。由于反馈信号通常由系统输出端或放大器输出级供给，信号是从高功率点传向低功率点，因此反馈校正一般无须附加放大器。

此外，反馈校正尚可消除系统原有部分参数波动对系统性能的影响。在性能指标要求较高的控制系统设计中，常常兼用串联校正与反馈校正两种方式。例如：飞行模拟转台的框架随动系统，它对快速性、平稳性及精度都要求很高，为了达到这一要求，通常采用了串联校正、反馈校正以及对控制作用的前置校正。图 6.6 表示了某转台框架随动系统的结构组成原理图。图中测速电机起反馈校正作用，滞后网络起串联校正作用。

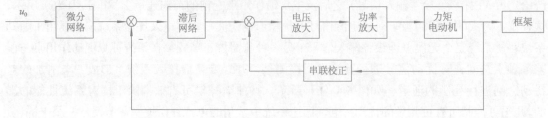

图 6.6　转台框架随动系统

4．频率法校正

1）基本概念

用频率法校正控制系统时，通常是以频域指标如相位裕量 γ、幅值裕量 L_n 等衡量和调整控制系统动态响应的性能，而不是按时域指标如超调量 $\sigma\%$、调节时间和稳态误差 e_{ss} 等来进行的。所以，频率法是一种间接方法。为了利用频域法校正控制系统，就需要了解开环频域指标与时域指标之间的关系。由于系统频率特性的特征，一般可以足够准确地由伯德图的形状看出。所以在初步设计时，常采用伯德图校正系统。

采用伯德图进行校正系统，实际上是采用校正装置改变开环频率特性曲线的形状，使其具有合适的高频、中频和低频特性以得到满意的闭环特性。下面分析三频段对系统性能的影响。

① 已知控制系统要求系统的输出量应以一定的精度跟随输入量，这就需要低频段有一定的的斜率与相应的高度，因为它们反映系统的型别和增益，表明了系统的稳态精度。

② 中频段指穿越频率附近的一段区域。中频段的代表参数是斜率、宽度（中频宽）、幅值穿越频率和相位裕量，它们反映系统的最大超调量 $\sigma\%$ 和调整时间 t_s。表明了系统的相对稳定性和快速性。为保证系统由足够的相位裕量 γ，其穿越斜率应为 -20dB/dec，并且具有一定的宽度，同时幅值穿越频率 ω_c 与相应的快速性有关，一般取较高的数值。

③ 高频段的代表参数是斜率，反映系统对高频干扰信号的衰减能力。

总之，校正后的控制系统应具有足够的稳态裕量，保证满意的瞬态响应；有足够的型别与放大系数以使稳态性能达到规定要求。但是，当难以使所有指标均达到较高水平时，例如稳态性能与动态性能之间出现矛盾时，则只能折中加以解决。

2）分析法

分析法是在认真研究多种典型环节校正装置的基础上，依靠设计者的分析和经验，选取一种适合需要的校正装置，根据加入装置后系统应该达到的性能指标来确定校正装置参数的方法。因此，设计流程是首先确定校正装置 $G_c(s)$，然后求出校正装置的对数频率幅频特性 $L_c(\omega)$，在求出校正后的幅频特性 $L_K(\omega)$，最后根据 $L_K(\omega)$ 的形状与开环频域指标校验校正后是否满足要求。如果性能不理想，则需要重新选择校正装置，在按照上述流程重新设计。

3）期望对数频率特性法（期望法）

期望法与分析法流程刚好相反，首先根据系统要求的性能指标，建立与此相对应的期望的

开环对数幅频特性 $L_K(\omega)$，使系统校正后的开环伯德图的形状满足相应的要求。因此，期望的开环对数幅频特性 $L_K(\omega)$ 减去未校正系统的开环对数频率 $L_0(\omega)$ 就是所需要的校正装置的对数幅频特性 $L_c(\omega)$。即

$$L_c(\omega)=L_K(\omega)-L_0(\omega) \tag{6.1}$$

最后由 $L_c(\omega)$ 求出校正装置的传递函数 $G_c(s)$。由于设计时只根据幅频特性来设计，所以期望对数频率特性法只适用于最小相位系统。

三、任务分析与实施

在控制工程中用得最广的是电气校正装置，它不但可应用于电的控制系统，而且通过将非电量信号转换成电量信号，还可应用于非电的控制系统。控制系统的设计问题常常可以归结为设计适当类型和适当参数值的校正装置。

校正的作用和校正装置的构成。

- 校正的作用是什么？
- 校正装置用什么样的电路实现呢？有源校正装置和无源校正装置的优缺点是什么？
- 常见的性能指标有哪些？

在系统中加入一些其参数可以根据需要而改变的结构或装置，使系统整个特性发生变化，从而满足给定的各项性能指标。这一附加的装置称为校正装置。加入校正装置后使未校正系统的缺陷得到补偿，这就是校正的作用。校正装置根据本身是否另接电源，可分为无源校正装置和有源校正装置。

无源校正网络采用阻容元件构成，如附录 A 的表 A.1 所示，其中给出了常见的有源校正装置和无源校正装置的电路图、传递函数及伯德图。无源校正装置的优点在于校正元件的特性比较稳定。缺点是由于输出阻抗较高而输入阻抗较低，要另加放大器并进行隔离，没有放大增益，只有衰减。有源校正网络常常采用阻容电路加线性集成运算放大器的方式，优点在于带有放大器，增益可调，使用方便灵活。缺点表现为特性容易漂移。

校正装置可以补偿系统不可变动部分（由控制对象、执行机构和量测部件组成的部分）在特性上的缺陷，使校正后的控制系统能满足事先要求的性能指标。常用的性能指标形式可以是时间域的指标，如上升时间、超调量、过渡过程时间等，也可以是频率域的指标，如相角裕量、增益裕量（见相对稳定性）、谐振峰值、带宽（见频率响应）等。

任务二 串联校正

一、任务导入

校正装置串联在系统固有部分的前向通路中，来改变系统的结构，以达到改善系统性能的方法，称为串联校正。串联校正分为（P）校正（相位不变）、比例－微分（PD）校正（相位超前校正）、比例－积分（PI）校正（相位滞后校正）和比例－积分－微分（PID）（相位滞后－超前校正）。超前校正、滞后校正和超前滞后校正会对系统产生怎样的影响呢？

二、相关知识点

1. 比例 (P) 校正

比例校正也称 P 校正，其基本结构图如图 6.7 所示，校正装置的传递函数为

$$G_c(s)=K_p \tag{6.2}$$

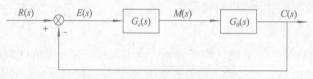

图 6.7　比例校正的基本结构图

比例校正装置的可调参数为 K_p，其伯德图如图 6.8 所示。

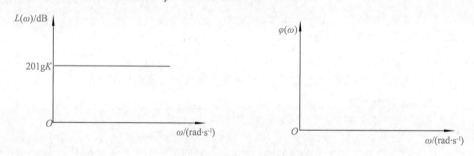

图 6.8　比例校正的伯德图

比例控制器实际就是一个比例放大器，也称为比例调节器。比例系数 K_p 是可调参数，增大比例系数 K_p，可以提高系统的稳态精度，展宽系统通频带，提高系统的快速性。但同时比例系数增大将使系统的相对稳定性降低。相反，减少比例系数 K_p 可以提高系统的相对稳定性，但系统稳态精度和快速性能降低。

因为单独采用比例控制器往往得不到理想的控制性能，所以一般与其他控制规律组合使用。但比例控制器必须存在，否则就破坏了自动控制系统是按照偏差来调节的基本原则，比例控制器在系统的动态与稳态过程中都起到了相应的控制作用。

2. 比例－微分（PD）校正（相位超前校正）

在自动控制系统中，一般都包含有惯性环节和积分环节，这些环节使信号产生时间上的滞后，导致系统的快速性变差，可能造成系统不稳定。对此可以通过串联比例校正环节调节增益作折中的选择，但调节增益会带来副作用，而且对于结构不稳定系统，单纯调节增益并不能使系统稳定，此时可以在系统的前向通道上串联比例－微分校正装置，通过微分环节使相位超前，以抵消惯性环节和积分环节使相位滞后而产生的不良影响。

图 6.9 所示为比例－微分校正装置，也称为 PD 调节器，
其传递函数为

$$G_c(s) = K_p(1+\tau_d s) \tag{6.3}$$

式中：K_p——比例放大倍数，$K_p=R_1/R_0$。

τ_d——微分时间常数。

比例－微分校正装置的伯德图如图 6.10 所示。从图可见，PD 调节器提供了超前相位角，所以 PD 校正也称为超前校正。并且 PD 调节器的对数渐近幅频特性的斜率为 +20dB/dec。因而将它的频率特性和系统固有部分的频率特性相加，比例－微分校正的作用主要体现在两方面：

（1）使系统的中、高频段特性上移（PD 调节器的对数渐近幅频特性的斜率为 +20dB/dec），幅值穿越频率增大，使系统的快速性提高。

（2）PD 调节器提供一个正的相位角，使相位裕量增大，改善了系统的相对稳定性。但是，由于高频段上升，降低了系统的抗干扰能力。

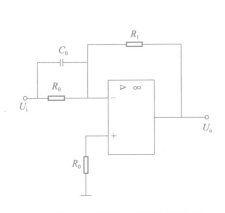

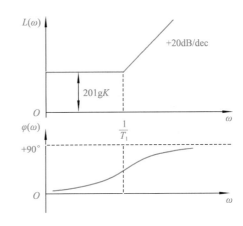

图 6.9　比例－微分校正装置　　　　　图 6.10　比例－微分校正的伯德图

3．比例－积分（PI）校正（相位滞后校正）

在自动控制系统中，要实现无静差，系统必须在前向通道上（对扰动量，则在扰动作用点前），含有积分环节。若系统中不含积分环节而又希望实现无静差，则可以串联比例－积分调节器。例如，在调速系统中，一般系统的固有部分不含有积分环节，控制偏差一定存在，即系统将有原理上的稳态误差（比例校正装置的特点决定只有存在稳态误差，系统才可工作），为实现转速和电流无静差，常在前向通道的功率放大环节前串联由比例－积分调节器构成的速度调节器和电流调节器，当系统响应进入稳态时，偏差为 0，稳态误差为 0，系统为无静差双闭环调速系统。

图 6.11 为一比例－积分校正装置，也称为 PI 调节器，其传递函数为

$$G_c(s) = K_p \left(1 + \frac{1}{T_i s}\right) = K_p \left(\frac{T_i s + 1}{T_i s}\right) \tag{6.4}$$

式中：K_p——比例放大倍数，$K_p = R_1 / R_0$。

　　　T_i——积分时间常数，$T_i = R_1 C_1$。

比例－积分（PI）校正装置，其伯德图如图 6.12 所示。从图可见，PI 调节器提供了负的相位角，所以 PI 校正也称为滞后校正。并且 PI 调节器的对数渐近幅频特性在低频段的斜率为 -20dB/dec。因而将它的频率特性和系统固有部分的频率特性相加，可以提高系统的型别，即提高系统的稳态精度。

从相频特性中可以看出，PI 调节器在低频产生较大的相位滞后，所以 PI 调节器串入系统时，要注意将 PI 调节器转折频率放在固有系统转折频率的左边，并且要远离系统穿越频率，以减少对系统稳定裕量的影响。但是，由于高频段上升，降低了系统的抗干扰能力。

总之，比例－积分调节器主要用于在基本保证闭环调速系统稳定性的前提下改善系统的稳定性。

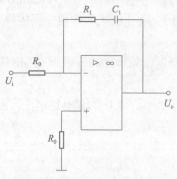

图 6.11 比例－积分校正装置

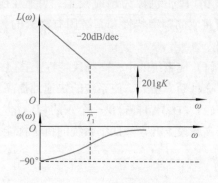

图 6.12 比例－积分校正的伯德图

4．比例－积分－微分 (PID) 校正 (串联相位滞后－超前校正)

比例－微分控制能改善系统的动态性能，但无法改善稳态性能；比例－积分控制能改善系统的稳态性能，但会影响动态性能。为了比例－微分与比例－积分的优势，全面改善系统的性能，常采用比例－积分－微分控制器，又称比例－积分－微分调节器（PID 调节器），如图 6.13所示，其传递函数为

$$G_c(s) = K_p\left(1 + \frac{1}{T_i s} + \tau_d s\right) \tag{6.5}$$

式中：比例系数 K_p、时间常数 τ_d 和 T_i 均为可调参数。

当 τ_d 和 T_i 取合适数值，是控制器传递函数具有两个实数两点时，传递函数可化为

$$G_c(s) = K_P\left(\frac{T_i s^2 + T_i s + 1}{T_i s}\right) = \frac{K_P(\tau_1 s + 1)(\tau_2 s + 1)}{T_i s} \tag{6.6}$$

式中：K_p——比例放大倍数，$K_p = \dfrac{R_1}{R_0}$ ；

τ_1——为积分时间常数 $\tau_1 = R_1 C_1$ ；

τ_2——为微分时间常数 $\tau_2 = R_0 C_0$。

其伯德图如图 6.14 所示。

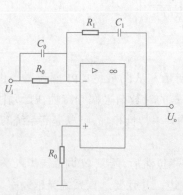

图 6.13 比例－积分－微分调节器

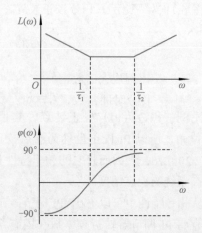

图 6.14 比例－积分－微分调节器的伯德图

由伯德图可知，比例－积分－微分控制器在低频段使系统斜率减少 20dB/dec，提高系统的无静差；在中频段抬高曲线，提高系统的相位裕量，并使幅值穿越频率 Wc 增大；而在高频段，可适当调节控制器的参数，使转折频率 $1/\tau2$ 远离系统的幅值穿越频率，减少对系统高频段的影响。通常，应使积分控制器 I 部分发生在系统频率特性的低频段，以改善稳态性能；而微分控制器 D 部分发生在系统频率特性的中频段，以改善动态性能。

比例－积分－微分控制器相当于提供了一个积分环节与两个一阶微分环节，积分环节改善稳态性能，两个一阶微分环节大大改善动态性能。

由上述分析可知，比例控制为基本控制作用；微分校正会使带宽增加，加快系统的瞬态响应，改善平稳性；积分校正可以改善系统的稳态特性。三种控制规律各负其责，灵活组合，以满足不同的要求，使 PID 控制在控制工程中广泛应用。

三、任务分析与实施

在工业控制系统如温度控制系统、流量控制系统中，串联校正装置常采用有源校正装置的形式，串联校正简单，易于实现，得到了广泛的应用。

自动控制系统采用比例校正 (P) 对系统性能的影响。

某系统的开环传递函数为 $G_1(s) = \dfrac{35}{s(0.2s+1)(0.01s+1)}$，采用串联比例调节器对系统进行校正，系统框图如图 6.15 所示。试分析比例校正对系统性能的影响。

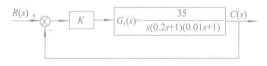

图 6.15　采用比例校正的系统框图

(1) 首先分析校正前系统性能。

由已知参数可知 $K_1=35$，$T_1=0.2\text{s}$，$T_1=0.01\text{s}$，可以画出系统固有部分的对数频率特性曲线，如图 6.16 中曲线 I 所示。

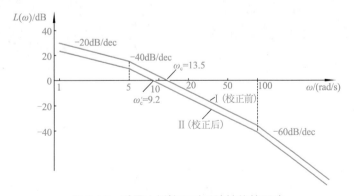

图 6.16　采用比例校正对系统性能的影响

图 6.16 中：

$$\omega_1 = \frac{1}{T_1} = \frac{1}{0.2} = 5 \text{ rad / s}$$

$$\omega_2 = \frac{1}{T_2} = \frac{1}{0.01 \text{s}} = 100 \text{ rad / s}$$

$$L(\omega)|_{\omega=1} = 20 \lg K = 20 \lg 35 = 31 \text{ dB}$$

由图 6.16 解可求得 $\omega_c = 13.5$ rad/s。则系统的相位裕量为

$$\gamma = 180° - 90° - \arctan \omega_c T_1 - \arctan \omega_c T_2$$

$$= 180° - 90° - \arctan(13.5 \times 0.2) - \arctan(13.5 \times 0.01)$$

$$= 90° - 70° - 7.7° = 12.3°$$

显然 $\gamma = 12.3°$ 时，系统的相对稳定性较差，这意味着系统的超调量较大，振荡次数较多。

(2) 校正后系统性能分析。

如果在前向通道上采用串联比例校正，并适当降低系统的增益，使 $K = 0.5$。则系统的开环增益 $K_1 K = 35 \times 0.5 = 17.5$，则

$$L(\omega)|_{\omega=1} = 20 \lg 17.5 \approx 25 \text{ dB}$$

校正后的伯德图如图 6.16 中曲线 Ⅱ 所示。由校正后的曲线 Ⅱ 可见，此时

$$\omega_c' = 9.2 \text{ rad/s}$$

于是可得相位裕量

$$\gamma' = 180° - 90° - \arctan(0.2 \times 9.2) - \arctan(0.01 \times 9.2) = 23.3°$$

应用 Simulink 软件，在系统仿真中得到单位阶跃响应曲线，如图 6.17 所示。通过仿真效果和以上分析可见，降低增益，将使系统的稳定性得到改善，超调量下降，振荡次数减少，从而使穿越频率 ω_c 降低。但穿越 ω_c 的减小意味着调整时间增加，系统快速性变差，同时系统的稳态精度也变差。若增加增益，系统性能变化与上述则相反。

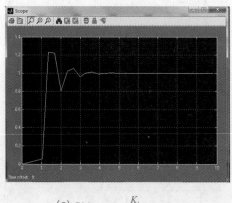
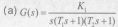
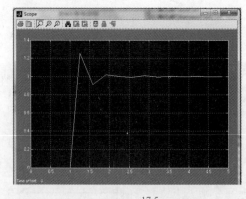

(a) $G(s) = \dfrac{K_1}{s(T_1 s + 1)(T_2 s + 1)}$ (b) $G_1(s) = \dfrac{17.5}{s(0.2s + 1)(0.01s + 1)}$

图 6.17　采用比例校正前、后的单位阶跃响应曲线

由采用串联比例校正系统的稳定性分析可知，系统开环增益的大小直接影响系统的稳定性，调节比例系数的大小，可在一定的范围内，改善系统的性能指标。降低增益，将使系统的稳定性得到改善，超调量下降，振荡次数减少，但系统的快速性和稳态精度变差。若增加增益，系统性能变化与上述相反。

调整参数的方法之一是调节系统的增益，在系统的相对稳定性、快速性和稳态精度等几个性能之间做某种折中的选择，以满足（或兼顾）实际系统的要求。

训练任务③

自动控制系统采用比微分（PD）正对系统性能的影响。

设图 6.18 所示系统的开环传递函数为

$$G(s)=\frac{K_1}{s(T_1s+1)(T_2s+1)}$$

其中 $T_1=0.2$s，$T_2=0.01$s，$K_1=35$，采用 PD 调节器，这里取 $K_c=1$（为避免增益改变对系统性能的影响），同时为简化起见，这里的微分时间常数取 $\tau=T_1=0.2$s，这样 $(\tau s+1)$ 与 $1/(T_1s+1)$ 两环节可以相消。对系统作串联校正，试比较系统校正前后的性能。

分析与实施

系统的开环传递函数变为

$$G(s)=G_c(s)G_1(s)=K_c(\tau s+1)\frac{K_1}{s(T_1s+1)(T_2s+1)}$$

$$=\frac{K_1}{s(T_2s+1)}=\frac{35}{s(0.01s+1)}$$

比例 - 微分环节与系统固有部分的大惯性环节的作用相消了。这样由原来的一个积分和二个惯性环节变成一个积分和一个惯性环节。原系统的对数频率特性曲线（伯德图）如图 6.19 中曲线 I 所示。特性曲线以 -40dB/dec 的斜率穿越 0dB 线，穿越频率 $\omega_c=13.5$dB，相位裕量 $\gamma=12.3°$。

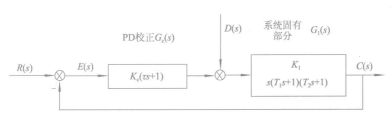

图 6.18　具有 PD 校正的控制系统

采用 PD 调节器校正，对数频率特性曲线伯德图为图 6.19 中的曲线 II。由于取 $K_c=1$，所以其低频渐近线为零分贝线，其高频渐近线为 +20dB/dec 的斜直线，其交点（交接频率）为 $\omega=1/\tau=1/0.2=5$rad/s，其相位曲线为 0→+90° 的曲线（相位超前）。

校正后的曲线如图 6.19 中的曲线 III。由图可见，此 III ＝ II ＋ I，曲线 III 已经被校正成典型 I 型系统了（此为稳定系统）。此时 $\omega'_c=35$，相位裕量

$$\gamma'=180°-90°-\arctan(0.01\times35)=70.7°$$

应用 Simulink 软件，在系统仿真中得到单位阶跃响应曲线如图 6.20 所示。通过仿真效果和以上分析可见，增加比例 - 微分校正装置后：

在低频段，$L(\omega)$ 的斜率和高度均没变，所以不影响系统的稳态精度。

在中频段，$L(\omega)$ 的斜率由校正前的 -40dB/dec 变为校正后的 -20dB/dec，相位裕量由原来的 13.5° 提高为 70.7°，意味着超调量下降，振荡次数减少。由图可见，超调量由 70% 减小到

0，振荡次数有 5 次减为 0 次，系统的相对稳定性得到了提高；穿越频率 ω_c 由 13.2 rad/s 变为 35 rad/s，穿越频率提高，使调整时间减少（因为 $\omega_c\uparrow\to t_s\downarrow$），改善了系统的快速性，使系统的调整时间由 2.5 s 减小到 0.1 s。

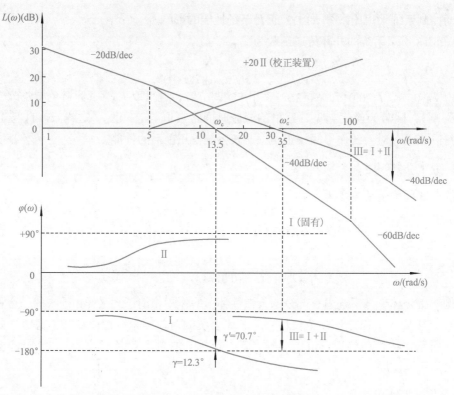

图 6.19　PD 校正对系统性能的影响

高频段，$L(\omega)$ 的斜率由校正前的 -60dB/dec 变为校正后的 -40dB/dec，使系统的高频增益增大，由于很多干扰信号都是高频信号，系统的抗高频干扰能力下降，这是它的缺点。

比例－微分校正对系统的稳态误差不产生直接的影响。由于比例－微分 PD 校正使系统的相位 $\varphi(\omega)$ 前移，所以又称它为相位超前校正。

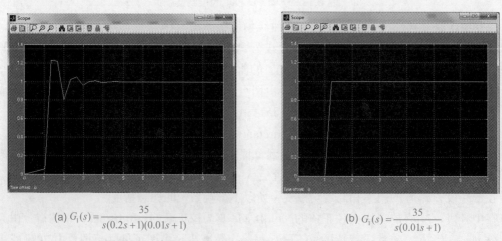

(a) $G_1(s)=\dfrac{35}{s(0.2s+1)(0.01s+1)}$　　　　(b) $G_1(s)=\dfrac{35}{s(0.01s+1)}$

图 6.20　采用比例－微分校正前、后的单位阶跃响应曲线

综上所述，微分控制反应信号的变化率（即变化趋势）的"预报"作用，在偏差信号变化前给出校正信号，减弱系统过大地偏离期望值和出现剧烈振荡的倾向，有效地增强系统的相对稳定性，相当于增大系统的阻尼比；而比例部分则保证了在偏差恒定时的控制作用。可见，比例－微分校正同时具有比例控制和微分控制的优点，使系统的稳定性和快速性改善，可以根据偏差的实际大小与变化趋势给出恰当的控制作用。

PD 比例－微分调节器主要用于在基本不影响系统稳态精度的前提下，提高系统的相对稳定性，改善系统的动态性能；但是微分时间常数 τ_d 过大，交接频率过小，微分控制作用会对输入端的高频噪声有明显的放大作用，使系统的抗高频干扰能力明显下降。

训练任务④

自动控制系统采用比微分（PI）正对系统性能的影响。

设图 6.21 所示系统的固有开环传递函数为 $G(s) = \dfrac{K_1}{(T_1s+1)(T_2s+1)}$，其中 T_1=0.33 s，T_2=0.036 s，K_1=3.2。采用 PI 调节器（K=1.3，T=0.33 s），对系统作串联校正。试比较系统校正前后的性能。

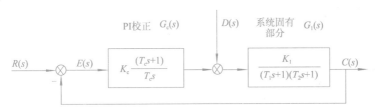

图 6.21 具有 PI 校正的控制系统

分析与实施

原系统的伯德图如图 6.22 中曲线 I 所示。特性曲线低频段的斜率为 0dB，显然是有差系统。穿越频率 ω_c=9.5 rad/s，相位裕量 γ=88°。

采用 PI 调节器校正，其传递函数 $G_c(s) = \dfrac{1.3(0.33s+1)}{0.33s}$，伯德图为图 6.22 中的曲线 II。

校正后的传递函数

$$G(s) = G_c(s)G_1(s) = \frac{K_c(T_c s+1)}{T_c s} \times \frac{K_1}{(T_1s+1)(T_2s+1)}$$

$$= \frac{1.3(0.33s+1)}{0.33s} \times \frac{3.2}{(0.33s+1)(0.036s+1)}$$

$$= \frac{12.6}{s(0.036s+1)} = \frac{K}{s(T_2s+1)}$$

校正后的曲线如图 6.22 中的曲线 III。

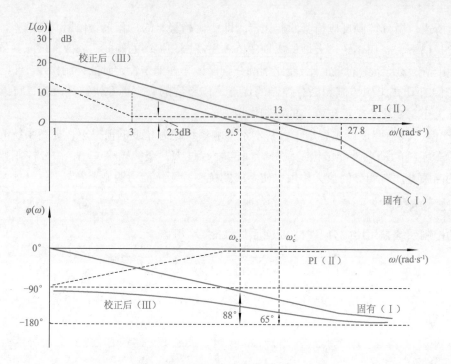

图 6.22　校正后的曲线

由图 6.22 可见，增加比例－积分校正装置后：

在低频段，$L(\omega)$ 的斜率由校正前的 0dB/dec 变为校正后的 -20dB/dec，系统由 0 型变为 I 型（即系统由不含积分环节变为含有积分环节），从而实现了无静差，系统的稳态误差明显减小，从而改善了系统的稳态性能。

在中频段，$L(\omega)$ 的斜率不变，但由于 PI 调节器提供了负的相位角，相位裕量由原来的 88°减小为 65°，降低了系统的相对稳定性，系统的超调量将增加；穿越频率 ω_c 有所增大，快速性略有提高。

在高频段，$L(\omega)$ 的斜率不变，对系统的抗高频干扰能力影响不大。

由于比例－积分 PI 校正使系统的相位 $\varphi(\omega)$ 后移，所以又称它为相位滞后校正。

综上所述，比例－积分校正虽然对系统的动态性能有一定的副作用，使系统的相对稳定性变差，但它却能使系统的稳态误差大大减小，显著改善系统的稳态性能。而稳态性能是系统在运行中长期起着作用的性能指标，往往是首先要求保证的。因此，在许多场合，宁愿牺牲一点动态性能指标的要求，而首先保证系统的稳态精度，这就是比例－积分校正获得广泛应用的原因。

训练任务⑤

自动控制系统采用比微分（PID）正对系统性能的影响。

某自动控制系统的开环传递函数为 $G_i(s) = \dfrac{20}{s(0.2s+1)(0.01s+1)}$，采用串联 PID 调节器对系统进行校正，试分析 PID 校正对系统性能的影响。

分析与实施

1) 校正前系统性能分析

该系统的固有传递函数是一个 I 型系统，它对阶跃信号是无差的，但对速度信号是有差的。系统固有部分的伯德图如图 6.23 中曲线 I 所示，由图可知 $\omega_c=10$ rad/s。系统的相位裕量为

$$\gamma = 180° - 90° - \arctan\omega_c T_1 - \arctan\omega_c T_2$$
$$= 180° - 90° - \arctan(10 \times 0.2) - \arctan(10 \times 0.01) = 20.09°$$

由上式可知，此系统相位裕量相对较小，稳定性较差。

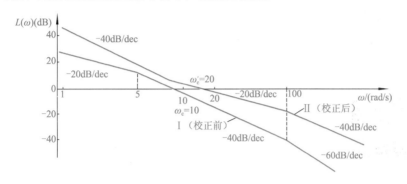

图 6.23　PID 校正对系统性能的影响

2) 校正后系统性能分析

若要求系统对速度信号也是无差的，则应将系统校正成为 II 型系统。如果采用 PI 调节器校正，虽然无差度可得到提高，但其稳定性将会变的更差，因此很少采用，常用的方法是采用 PID 校正。校正后系统的开环传递函数为

$$G(s) = G_c(s)G_1(s) = \frac{K_p(\tau_i s + 1)(\tau_d s + 1)}{\tau_i s} \times \frac{20}{s(0.2s+1)(0.01s+1)}$$

本例取 $\tau_i=0.2s$，取中频段宽度 $h=10$，则取 $\tau_d=hT_2=0.1s$，$K_p=2$，

$$K = \frac{K_p K_1}{\tau_i} = \frac{40}{0.2} = 200$$

校正后系统的 $\omega_c'=20$ rad/s，其相位裕量为

$$\gamma' = 180° - 180° + \arctan(20 \times 0.1) - \arctan(20 \times 0.01) = 74.7°$$

校正后系统的伯德图如图 6.23 中曲线 II 所示。由校正后的伯德图可见：

在低频段，由于积分部分起主要作用，系统由一阶无静差变为二阶无静差，从而显著地改善了系统的稳态性能。

在中频段，由于微分部分的相位超前作用，使系统的相位裕量增加，从而改善了系统的动态稳定性能。

在高频段，由于微分部分的作用，使高频段增益有所增大，会降低系统的抗干扰能力。但这可以通过选择结构适当的 PID 调节器来解决，使 PID 调节器在高频段的斜率为 0 dB/dec 便可避免这个缺点。

综上所述，比例－积分－微分校正兼顾了系统动态性能和稳态性能，因此在要求较高的场合，多采用 PID 校正。PID 调节器的结构形式有多种，可根据系统的具体情况和要求选用。

在系统校正中选择串联校正的校正装置和参数时，校正装置参数的合理选择和系统开环增益的配合调整是十分重要的。例如，若将超前校正环节的参数设置在系统的低频区，就起不到提高稳定裕度的作用。同理若将滞后校正环节的参数设置在中频区，会使系统振荡性增加，甚至使系统不稳定。由于校正装置的参数和开环放大系数都是根据 $G(s)$ 来选取的。如果待校正部分的动态特性，即数学模型，由于某些原因在经常变化，那就给串联校正设计带来了困难，并且校正的效果就差。因此探索一种即使 $G(s)$ 特性有些变化，也能保证校正效果的设计就是十分必要的了。这也是目前正在广泛地进行探索的新领域。

小结：串联超前校正是利用校正装置的相角超前补偿原系统的相角迟后，从而增大系统的相角裕度。超前校正具有相角超前和幅值扩张的特点，即产生正的相角移动和正的幅值斜率。超前校正正是通过其幅值扩张的作用，达到改善中频段斜率的目的。故采用超前校正可以增大系统的稳定裕度和频带宽度，提高了系统动态响应的平稳性和快速性。但是，超前校正对提高系统的稳态精度作用不大，且使抗干扰的能力有所降低。串联超前校正一般用于稳态性能已满足要求，但动态性能较差的系统。但如果未校正系统在其零分贝频率附近，相角迅速减小，例如有两个转折频率彼此靠近（或相等）的惯性环节或一个振荡环节，这就很难使校正后系统的相角裕度得到改善。

串联滞后校正是利用校正装置本身的高频幅值衰减特性，使系统 0 dB 的频率下降，从而获得足够的相角裕度。滞后校正具有幅值压缩和相角滞后的特点，即产生负的相角移动和负的幅值斜率。利用幅值压缩，有可能提高系统的稳定裕度，但将使系统的频带过小；从另一角度看，滞后校正通过幅值压缩，还可以提高系统的稳定精度。滞后校正一般用于动态平稳性要求严格或稳定精度要求较高的系统。但为了保证在需要的频率范围内产生有效的幅值衰减特性，要求滞后网络的第一个转折频率 $1/T$ 足够小，可能会使时间常数大到不能实现的程度。

串联滞后－超前校正的基本原理是利用校正装置的超前部分来增大系统的相角裕度，同时利用滞后部分来改善系统的稳态性能。当要求校正后系统的稳态和动态性能都较高时，应考虑采用滞后－超前校正。

一般说来，串联校正比其他校正方式简单。但是串联校正装置常有严重的增益衰减，因此采用串联校正往往同时需要引入附加放大器，以提高增益并起到隔离作用。

任务三 反馈校正和顺馈补偿

一、任务导入

反馈校正除了具有串联校正同样的校正效果外，还具有串联校正所不可替代的效果。在自动控制系统中，反馈校正得到了广泛的应用，例如：在角位置随动系统中，输出角的速度信号经常被用来做反馈信号，以改善系统的相对阻尼比等。怎样进行反馈，反馈对不同环节的影响是怎样，下面我们来分析。

二、相关知识点

1. 反馈控制

1）反馈校正的方式

反馈校正的基本原理是用反馈校正装置包围未校正系统中对动态性能改善有重大妨碍作用

的某些环节，形成一个局部反馈回路，在局部反馈回路的开环增益远大于 1 的条件下，局部反馈回路的特性主要取决于反馈校正装置，几乎与被包围部分无关。通常反馈校正可分为硬反馈和软反馈。硬反馈校正装置的主体是比例环节（可能还含有小惯性环节）$G_c(s)=K_p$，它在系统的动态和稳态过程中都起反馈校正作用；软反馈校正装置的主体是微分环节（可能还含有小惯性环节），$G_c(s)=\tau_d s$，它只在系统的动态过程中起反馈校正作用，而在稳态时，输出量不发生变化，微商将为零，微分反馈不起作用，反馈校正支路如同断路。当输出量随时间发生变化时，它便起到反馈作用，而且输出量变化越大，反馈作用越强。因此，微分负反馈有利于系统的稳定。正是由于微分负反馈只在动态过程中起作用，而在稳态时不起作用，因此又称它为软反馈。

2）反馈校正的作用

在图 6.24 中，设固有系统被包围环节的传递函数为 $G_2(s)$，$G_2(s)$ 被传递函数为 $G_c(s)$ 的环节所包围，从而形成了局部的反馈结构形式，校正后系统被包围部分传递函数变为

$$G_2'(s) = \frac{X_2}{X_1} = \frac{G_2(s)}{1 + G_C(s)G_2(s)} \tag{6.7}$$

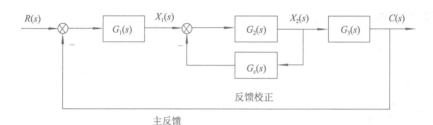

图 6.24　反馈校正在系统中的作用

显然，引进 $G_2(s)$ 的作用是希望 $G_2'(s)$ 的特性将会使整个闭环系统的品质得到改善。下面通过比例环节、积分环节和惯性环节为例来说明反馈校正的作用。

（1）对系统的比例环节 $G_2(s)=K$ 进行局部反馈

当采用硬反馈，即 $G_c(s)=\alpha$ 时，校正前 $G_2(s)=K$，校正后的传递函数为

$$G_2'(s) = \frac{K}{1 + \alpha K}$$

增益降低为 $\dfrac{K}{1+\alpha K}$，对于那些因为增益过大而影响系统性能的环节，采用硬反馈是一种有效的方法。

当采用软反馈，即 $G_c(s)=\alpha s$ 时，校正前 $G_2(s)=K$，校正后的传递函数为

$$G_2'(s) = \frac{K}{1 + \alpha K s}$$

比例环节变为惯性环节，惯性环节时间常数变为 αK，动态响应变得平缓，有利于系统的稳定。对于那些希望过渡过程平缓的系统，采用微分负反馈（即软反馈校正）是一种常用的方法。具体反馈校正对比例环节的影响参见表 6.4。

（2）对系统的积分环节 $G_2(s) = \dfrac{K}{s}$ 进行局部反馈

当采用硬反馈，即 $G_c(s)=\alpha$ 时，校正前 $G_2(s) = \dfrac{K}{s}$，校正后的传递函数为

$$G'_2(s) = \frac{K/s}{1 + \dfrac{K}{s}\alpha} = \frac{K}{s + \alpha K} = \frac{1/\alpha}{\dfrac{1}{\alpha K}s + 1}$$

含有积分环节的单元，被硬反馈包围后，积分环节变为惯性环节，惯性环节时间常数变为 $1/(\alpha K)$，增益变为 $1/\alpha$。这对系统的稳定性有利，但系统的稳定性能变差（由无静差变为有静差）。有上面分析可见，凡含有积分环节的单元，被硬反馈校正包围后，单元中的积分将消失。

当采用软反馈，即 $G_c(s) = \alpha s$ 时，校正前 $G_2(s) = \dfrac{K}{s}$ ，校正后的传递函数为

$$G'_2(s) = \frac{K/s}{1 + \alpha K} = \frac{K/(\alpha K + 1)}{s}$$

上式表明，积分环节加上软反馈仍为积分环节，但其增益降为原来的 $1/(1+\alpha K)$。具体反馈校正对积分环节的影响参见表 6.4。

表 6.4　反馈校正对典型环节性能的影响

校正方式		框　　图	校正后的传递函数	校正效果
比例环节的反馈校正	硬反馈		$\dfrac{K}{1+\alpha K}$	仍为比例环节 但放大倍数减小为 $\dfrac{K}{1+\alpha K}$
	软反馈		$\dfrac{K}{\alpha K s + 1}$	变为惯性环节 放大倍数仍为 K 惯性时间常数为 αK
惯性环节的反馈校正	硬反馈		$\dfrac{K}{1+\alpha K+Ts}$ 或 $\dfrac{\dfrac{K}{1+\alpha K}}{\dfrac{T}{1+\alpha K}s+1}$	仍为惯性环节 但放大倍数减小为 $\dfrac{1}{1+\alpha K}$ 时间常数减小为 $\dfrac{1}{1+\alpha K}$ 可提高系统的稳定性和快速性
	软反馈		$\dfrac{K}{(T+\alpha K)s+1}$	仍为惯性环节 放大倍数不变 时间常数增加为 $(T+\alpha K)$
积分环节的反馈校正	硬反馈		$\dfrac{K}{s+\alpha K}$ 或 $\dfrac{1/\alpha}{\dfrac{1}{\alpha K}s+1}$	变为惯性环节 (成为有静差) 有利于系统的稳定性 放大倍数为 $\dfrac{1}{\alpha}$ 惯性时间常数为 $\dfrac{1}{\alpha K}$
	软反馈		$\dfrac{K/s}{1+\alpha K}$ 或 $\dfrac{K}{\dfrac{1+\alpha K}{s}}$	仍为积分环节 但放大倍数减小为 $\dfrac{K}{1+\alpha K}$

校正方式		框　图	校正后的传递函数	校正效果
惯性环节的反馈校正	硬反馈(c)		$\dfrac{K}{Ts^2 + s + \alpha K}$ 或 $\dfrac{1/\alpha}{\dfrac{T}{\alpha K}s^2 + \dfrac{T}{\alpha K}s + 1}$	系统由无静差变为有静差 放大倍数变为 $\dfrac{1}{\alpha}$ 时间常数减小
	软反馈(d)		$\dfrac{K}{Ts^2 + s + \alpha Ks}$ 或 $\dfrac{\dfrac{K}{1+\alpha K}}{s\left(\dfrac{T}{1+\alpha K}s + 1\right)}$	仍为典型 I 型系统 但放大倍数减小为 $\dfrac{K}{1+\alpha K}$ 时间常数减小为 $\dfrac{1}{1+\alpha K}$ 使系统稳定性和快速性改善，但稳态精度下降

（3）对系统的惯性环节 $G(s) = \dfrac{K}{Ts+1}$ 进行局部反馈

当采用硬反馈，即 $G_c(s) = \alpha$ 时，校正前 $G_2(s) = \dfrac{K}{Ts+1}$ ，校正后的传递函数为

$$G(s) = \frac{\dfrac{K}{Ts+1}}{1 + \dfrac{K}{Ts+1}\alpha} = \frac{K}{Ts+1+\alpha K} = \frac{K/(1+\alpha K)}{\dfrac{T}{1+\alpha K}s + 1}$$

上式表明，惯性环节加上硬反馈仍为惯性环节，但其增益降为原来的 1/(1+αK)。惯性环节时间常数和增益均降为 1/(1+αK)，可以提高系统的稳定性和快速性。

当采用软反馈，即 $G_c(s)=\alpha s$ 时，校正前 $G_2(s) = \dfrac{K}{Ts+1}$ ，校正后的传递函数为

$$G(s) = \frac{\dfrac{K}{Ts+1}}{1 + \dfrac{K}{Ts+1}\alpha s} = \frac{K}{(T+\alpha K)s + 1}$$

上式可见系统仍为惯性环节，增益不变，时间常数增加为原来的 (T+αK) 倍。具体反馈校正对惯性环节的影响参见表 6.4。

以上例子可见，环节（部件）经反馈校正后，不仅可以改变参数，甚至使环节（部件）的结构和性质也可能发生改变，使系统的性能达到所要求的指标。

此外，反馈校正还有一个重要的特点，可以消除系统固有部分中不希望有的特性，从而可以削弱被包围环节对系统性能的不利影响。在如图 6.25 的反馈回路中，若反馈活路增益 $\left|G_2(s)G_c(s)\right| \gg 1$ 时，则有如下关系式

$$\frac{X_2}{X_1} = \frac{G_2(s)}{1+G_C(s)G_2(s)} \approx \frac{1}{G_C(s)}$$

上式表明由于反馈校正装置的作用，系统被包围部分 $G_2(s)$ 的影响可以忽略。此时，该局部反馈的特性完全取决于反馈校正装置 $G_c(s)$ 。当系统中某些元件的特性或参数不稳定时，常常用反

馈校正装置将它们包围以削弱这些元件对系统性能的影响，但此时对反馈环节的要求较高。

2．顺馈补偿

由图 6.25 可见，系统的误差除了取决于体现系统的结构、$G_1(s)$ 和 $G_2(s)$ 的参数外，还取决于输入信号 $R(s)$ 和扰动信号 $D(s)$；倘若我们能设法直接或间接获取输入量信号 $R(s)$ 和扰动量信号 $D(s)$，这样便可以以某种方式在系统信号的输入端引入信号来作某种补偿，以降低甚至消除系统误差，这便是顺馈补偿（又称为前馈补偿）。

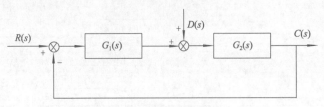

图 6.25　典型系统框图

在工程实际中，对于稳态精度、平稳性和快速性要求都很高的系统，或者经常受到强干扰作用的的系统，除了在主反馈回路内部进行串联校正或局部反馈校正进行有效地改善系统的性能之外，往往还采取设置在回路之外的前置校正或干扰补偿校正，这就是所谓的复合控制。复合控制通常分为两大类，即按扰动补偿的复合控制（主要用于恒值控制系统）和按参考输入补偿的复合控制（主要用于随动系统）。下面将分别介绍按输入补偿的复合校正和按扰动补偿的复合校正。

1）按输入补偿的复合控制

设按输入补偿的复合控制系统如图所示。图 6.26 中，$G(s)$ 为反馈系统的开环传递函数，前馈补偿装置的传递函数。

由图可知，系统的输出量为

$$C(s) = [E(s) + G_c(s)R(s)]G(s) \tag{6.8}$$

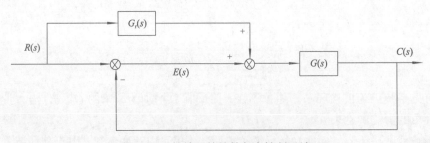

图 6.26　按输入补偿的复合控制系统

由于系统的误差表达式

$$E(s) = R(s) - C(s) \tag{6.9}$$

所以可得

$$C(s) = \frac{[1 + G_r(s)]G(s)}{1 + G(s)} R(s) \tag{6.10}$$

如果选择前馈补偿装置的传递函数

$$G_c(s) = \frac{1}{G(s)} \tag{6.11}$$

则式（6.10）变为 $C(s)=R(s)$，表明在式（6.11）成立的条件下，系统的输出量在任何时刻都可以完全无误地复现输入量，具有理想的时间响应特性。

为了说明前馈补偿装置能够完全消除的物理意义，将式（6.8）代入式（6.9），可得

$$E(s) = \frac{[1 - G_r(s)G(s)]}{1 + G(s)} R(s) \qquad (6.12)$$

上式表明，在式（6.11）成立的条件下，恒有 $E(s)=0$；前馈补偿装置 $G_r(s)$ 的存在，相当于在系统中增加了一个输入信号 $G_r(s)R(s)$，其产生的误差信号与原输入信号 $R(s)$ 生的误差信号相比，大小相等而方向相反。故式（6.11）称为对输入信号的误差全补偿条件。

由于 $G(s)$ 一般均具有比较复杂的形式，故全补偿条件（6.11）的物理实现相当困难。在工程实践中，大多数采用满足跟踪精度要求的部分补偿条件，或者在对系统性能起主要影响的频段内实现近似全补偿，以使 $G_r(s)$ 的形式简单并易于物理实现。

有时，前馈补偿信号不是加在系统的输入端，而是加在系统前向通路上某个环节的输入端，以简化误差全补偿条件，如图 6.27 所示。

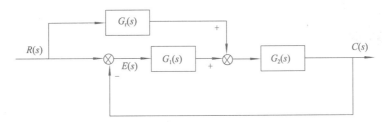

图 6.27　按输入补偿的复合控制系统

图 6.27 可知，复合控制系统的输出量 $C(s) = \dfrac{[G_1(s) + G_r(s)]G_2(s)}{1 + G_1(s)G_2(s)} R(s)$，当取 $G_r(s) = \dfrac{1}{G_2(s)}$

时，复合控制系统将实现误差全补偿。基于同样的理由，完全实现全补偿条件是困难的。同理，要实现全补偿是比较困难的，但可以近似的全补偿，即对 $G_r(s)$ 进行部分补偿，从而可大幅度地减少输入误差，显著地提高跟随精度改善系统的跟随精度。这对跟随系统，是改善系统跟随性能的一个有效的方法。

2）按扰动补偿的复合校正

补偿的复合控制系统如图 6.28 所示。$D(s)$ 为可量测扰动，$G_1(s)$ 和 $G_2(s)$ 为反馈部分的前向通道传递函数，$G_d(s)$ 为前馈补偿装置传递函数。复合校正的目的，是通过恰当选择 $G_d(s)$，使扰动 $D(s)$ 经过 $G_d(s)$ 对系统输出 $C(s)$ 产生补偿作用，以抵消扰动 $D(s)$ 通过 $G_2(s)$ 对输出 $C(s)$ 的影响。扰动作用下的输出为

$$C(s) = \frac{[1 + G_1(s)G_d(s)]G_2(s)}{1 + G_1(s)G_2(s)} D(s) \qquad (6.13)$$

扰动作用下的误差为

$$E(s) = -C(s) = -\frac{[1 + G_1(s)G_d(s)]G_2(s)}{1 + G_1(s)G_2(s)} D(s) \qquad (6.14)$$

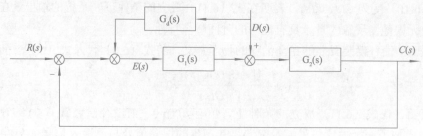

图 6.28　按扰动补偿的复合控制系统

若选择前馈补偿装置的传递函数

$$G_d(s) = -\frac{1}{G_1(s)} \tag{6.15}$$

由式（6.13）和式（6.14）可知，必有 $C(s)=0$，$E(s)=0$。因此，式（6-15）称为对扰动的误差全补偿条件。

具体设计时，可以选择 $G_1(s)$[可加入串联校正装置 $G_c(s)$] 的形式与参数，使系统获得满意的动态性能和稳态性能；然后按式（6-15）确定前馈补偿装置的传递函数 $G_d(s)$，使系统完全不受测量扰动的影响。然而，误差全补偿条件式（6-15）在物理上往往无法准确实现，因为对由物理装置实现的 $G_1(s)$ 来说，其分母多项式次数总是大于或等于分子多项式的次数。因此在实际使用时，多在对系统性能起主要影响的频段内采用近似全补偿，或者采用稳态全补偿，以使前馈补偿装置易于物理实现。

从补偿原理来看，由于前馈补偿实际上是采用开环控制方式去补偿可量测的扰动信号，因此前馈补偿并不改变反馈系统的特性。从抑制扰动的角度来看，前馈控制可以减轻反馈控制的负担，所以反馈控制系统的增益可以取得小一些，以有利于系统的稳定性。所有这些都是用复合校正方法设计控制系统的有利因素。

综上所述，采用（给定和扰动）顺馈补偿和反馈补偿环节相结合的复合控制式减少系统误差（包括稳态误差和动态误差）的有效途径。但注意顺馈要适度，以免过量引起振荡。

三、任务分析与实施

在工程实践中，改善系统性能除了采用串联校正外，反馈校正也是广泛采用的校正形式。反馈校正通过反馈通道传递函数倒数的特性代替不希望的特性，改变未校正装置的结构和变量来改善控制系统的性能。比例反馈具有消弱被包围环节惯性（时间常数），扩展该环节的带宽的作用。惯性环节采用比例负反馈，仍为惯性环节，而且比例负反馈越强，惯性将越小。采用局部负反馈，可以抑制系统中性能差的元件、部件对系统性能的影响。正反馈具有的重要特征之一就是可以提高放大系数。

反馈校正的优点是能削弱元、部件特性不稳定对整个系统的影响，故应用反馈校正装置对于系统中各元件特性的稳定性要求较低。缺点是反馈校正装置常由一些昂贵而较大的部件所构成，如测速发电机、速度陀螺等，通常需要较高的放大系数。

训练任务6

反馈校正及顺馈校正对系统性能的影响。

设复合控制系统如图 6.29 所示，图中 $G_n(s)$ 为顺馈传递函数，$G_c(s)=k_t's$ 为测速电机及分压器的传递函数，$G_1(s)$ 和 $G_2(s)$ 为前向通路中环节的传递函数，$N(s)$ 为可测量的干扰。$G_1(s)=k$，$G_2(s)=1/s^2$，试确定 $G_n(s)$，$G_c(s)$ 和 k_1，使系统输出量完全不受干扰 $n(t)$ 的影响，且单位阶跃响应的超调量等于 25%，峰值时间为 2 s。

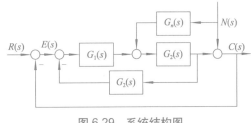

图 6.29 系统结构图

分析与实施

当 $R(s)=0$ 时，令 $C(s)=0$

得
$$\frac{G_n G_2}{1+G_1 G_2 G_c}N(s) + N(s) = 0$$

所以
$$\frac{G_n G_2}{1+G_1 G_2 G_c} = -1$$

已知 $G_1(s)=k$，$G_2(s)=1/s^2$，闭环传递函数特征方程
$$G_1 G_2 + G_1 G_2 G_c + 1 = 0$$

求得理想闭环极点
$$s_{1,2}=-1.75 \pm j4$$
$$d(s) = (s-s_1)(s-s_2) = s^2 + 1.36s + 2.93$$

由系统特征方程得
$$\frac{k_1}{s^2} + \frac{k_1}{s^2}k_t's + 1 = 0$$

用长除法可得
$$k_1 = 2.93, \quad k_t' = 0.47$$

$$G_n = -\frac{1+G_1 G_2 G_c}{G_2} = -s^2 - 1.37s$$

所以 $\qquad G_c = 0.47s \qquad G_n = -s^2 - 1.37s \qquad k_1 = 2.93$

由串联校正、反馈校正和复合校正可知，在自动控制中，串联校正和反馈校正，在一定程度上可以使校正系统满足给定的性能指标的要求。但是，对于控制系统中存在强扰动，尤其是低频强扰动，或者对系统稳态精度和响应速度要求很高时，则一般的反馈控制校正方法难以满足要求。目前在工程实践中，例如在高速、高精度火炮控制系统中，一般采用前馈控制和反馈控制相结合的校正方法，即复合校正。

复合校正是在系统的反馈控制回路中加入前馈通路，组成一个前馈控制和反馈控制相结合的系统，复合校正是一种按不变性原理进行控制的方式。其实质是一种把顺馈控制和反馈控制有机结合起来的校正办法。它的优越性体现在能够比较容易地解决一般反馈系统校正方法产生的稳定与精度的矛盾。可分为按扰动补偿和按输入补偿两种方式。

小　结

（1）系统校正就是在原有的系统中，有目的地增添一些装置（或部件），人为地改变系统的结构和参数，使系统的性能得到改善，以满足所要求的性能指标。性能指标是用于衡量系统具体性能（平稳性、快速性和准确性）的参数，常用的时域性能指标有调量、调节时间、峰值时间、稳态误差与开环增益等。频域性能指标分为开环频域指标与闭环频域指标。常用的开环频域指标有幅值穿越频率、相位裕度与幅值裕度。闭环频域指标有：谐振峰值、谐振频率和带宽。

（2）校正装置根据本身是否另接电源，可分为无源校正装置和有源校正装置。无源校正装置通常是由电阻和电容组成的二端口网络，其结构简单、成本低，分为无源相位滞后校正装置、无源相位超前校正装置、无源相位滞后－超前校正装置。有源校正装置本身有增益，且输入阻抗高，输出阻抗低，只要改变反馈阻抗，就可以很容易地改变校正装置的结构，参数调整也方便。

（3）根据校正装置在系统中的不同位置，一般可分为串联校正、反馈校正（也称并联校正）和顺馈补偿校正。系统校正分类如表 6.5 所示。

表 6.5　系统校正分类表

系统校正	串联校正	比例（P）校正（相位不变）
		比例－微分（PD）校正（相位超前校正）
		比例－积分（PI）校正（相位滞后校正）
		比例－积分－微分（PID）校正（相位滞后－超前校正）
	反馈校正	比例反馈校正（硬反馈）
		微分反馈校正（软反馈）
	顺馈补偿	输入顺馈补偿
		扰动顺馈补偿

（4）串联校正对系统结构、性能的改善，效果明显，校正方法直观、实用。但无法克服系统中元件（或部件）参数变化对系统性能的影响。

（5）反馈校正能改变被包围环节的参数、性能，甚至可以改变原环节的性质。这一特点使反馈校正，能用来抑制元件（或部件）参数变化和内外扰动对系统性能的消极影响，有时甚至可取代局部环节。

（6）在系统的反馈控制回路中加入前馈补偿，可组成复合控制。只要参数选择得当，则可以保持系统稳定，减小乃至消除稳态误差，但补偿要适度，过量补偿会引起振荡。顺馈补偿要低于但可接近于全补偿条件。

输入顺馈全补偿的条件：$G_r(s) = \dfrac{1}{G(s)}$。

扰动顺馈全补偿的条件：$G_d(s) = -\dfrac{1}{G_1(s)}$。

思考与练习

6-1 试列举系统校正中常用的频域开环指标和闭环指标？

6-2 什么是系统校正？系统校正有哪些类型？

6-3 超前校正有哪些特点？

6-4 简要说明超前校正和滞后校正各对改善系统性能的作用。

6-5 图 6.30 为某单位反馈系统校正前后的开环对数频率特性，比较系统校正前后的性能变化。

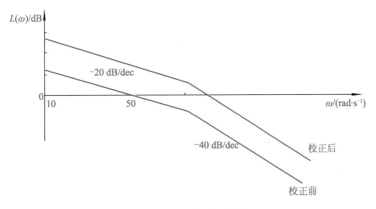

图 6.30 习题 6-5 图

6-6 已知一单位反馈系统，原有的开环传递函数 $G_0(s)$ 和两种校正装置 $G_c(s)$ 的对数幅频特性曲线如图 6.31 所示，写出每种方案校正后的开环传递函数并比较这两种方案的优缺点。

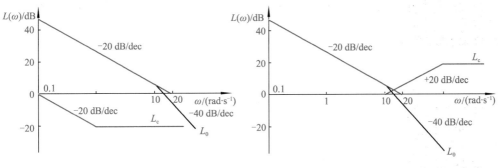

图 6.31 习题 6-6 图

6-7 设单位负反馈系统的开环传递函数为 $G_0(s) = \dfrac{8}{s(2s+1)}$，若采用滞后超前校正装置

$G_c(s) = \dfrac{(10s+1)(2s+1)}{(100s+1)(0.2s+1)}$，对系统进行串联校正，试绘制系统校正前、后的对数幅频渐近线，并计算系统校正前、后的相位裕度。

6-8 设单位反馈系统的开环传递函数为 $G_0(s) = \dfrac{40}{s(0.2s+1)(0.0625s+1)}$；

（1）若要求校正后系统的相位裕度为 30°，幅值裕度为 10 ～ 12dB，试设计串联超前装置。

（2）若要求校正后系统的相位裕度为 50°，幅值裕度为 15dB，试设计串联滞后装置。

直流调速系统的分析和设计

学习目标

（1）掌握直流调速系统的组成和工作原理。

（2）理解开环、单闭环和双闭环调速系统的工作原理。

（3）双闭环调速系统调节器的分析和调节器的设计。

知识重点

（1）分析直流调速系统的调速方法，根据直流调速系统的线路图，分析系统的主要部件构成。

（2）衡量调速系统的动静态性能指标，找出扩大调速范围的方法。

（3）开环调速系统的组成和存在的问题。

（4）转速、电流双闭环直流调速系统的组成和静特性的分析。

（5）电流调节器和转速调节器的工程设计。

知识难点

（1）静差率与调速范围的的关系与内在联系，静差率与机械特性硬度之间的关系。

（2）掌握反馈控制的规律，会计算闭环调速系统的稳态参数。

（3）转速负反馈直流调速系统稳态结构图和静特性。

（4）转速、电流双闭环直流调速系统调节器的工程设计。

建议学时

6～10学时。

单元结构图

单元七　直流调速系统的分析和设计

任务一　直流调速的方法和性能指标

任务二　开环直流调速系统的分析

任务三　单闭环直流调速系统的分析

任务四　双闭环直流调速系统的分析

任务五　按工程设计方法设计双闭环系统的调节器

任务一 直流调速的方法和性能指标

一、任务导入

自动控制调速系统，就是以电动机作为原动机驱动生产机械，实现生产机械的自动控制，用以完成生产机械的起动、停止、速度调节等任务，以满足各种生产工艺过程的要求。其主要特点是功率范围极大，单个设备的功率可从几毫瓦到几百兆瓦；调速范围极宽，转速从每分钟几转到每分钟几十万转，在无变速机构的情况下调速范围可达 1 : 10 000；适用范围极广，几乎适用于任何工作环境与各种各样的负载。目前调速系统有轧钢机、起重机、泵、风机、精密机床等大型调速系统，也有空调机、电冰箱、洗衣机等小容量调速系统。这些调速系统的发展和进步已成为更经济地使用材料及能源、提高劳动生产率的合理手段，成为促进国民经济不断发展的重要因素，成为国家现代化的重要标志之一。那么什么是调速系统？性能指标有哪些？对这些问题的说明将使同学们对自动控制系统有一个大致的了解。

二、相关知识点

1. 直流调速系统的调速方法

由于直流调速控制系统在理论上和实践上都比较成熟，而且从控制的角度来看，它又是其他调速控制系统的基础。根据直流电动机转速方程

$$n = \frac{U - IR}{K_e \Phi} \tag{7.1}$$

式中：n 为转速（r/min）；U 为电枢电压（V）；I 为电枢电流（A）；R 为电枢回路总电阻（Ω）；Φ 为励磁磁通（Wb）；K_e 为由电动机结构决定的电动势常数。

由式（7.1）可以看出，有三种方法调节直流电动机的转速：

（1）调节电枢供电电压 U。由于受电动机绝缘性能的影响，保持磁通和电枢回路电阻不变，改变电枢电压只能向小于额定电压的方向调节，所以这种调速方法只能从电动机额定转速向下调速，属于恒转矩调速方法。

（2）减弱励磁磁通 Φ。保持电枢电压和电枢回路电阻不变，改变直流电动机的励磁电流可以实现无极平滑调速，但考虑到直流电动机在额定运行下磁路已接近饱和，励磁电流只能向小于额定磁通的方向调节，所以称为弱磁调速，属于恒功率调速方法。在实际应用中，弱磁调速常常与调压调速配合使用，在额定转速以上做小范围的升速，这样也可以扩大调速范围。

（3）改变电枢回路电阻 R。保持电枢电压和励磁磁通不变，在电动机电枢回路中串联附加电阻进行调速，这种调速方法简单，操作方便，但是只能进行有级调速，机械特性较软。串入电阻会在电动机调速过程中消耗大量电能，所以一般应用在少数小功率场合。

对于要求在一定范围内无级平滑调速的系统来说，以调节电枢供电电压的方式为最好。改变电阻只能有级调速；减弱磁通虽然能够平滑调速，但调速范围不大，往往只是配合调压方案，在基速（额定转速）以上作小范围的弱磁升速。因此，自动控制的直流调速系统往往以调压调速为主。

2. 调速系统的控制要求和调速指标

1）调速系统转速的控制要求（定性分析）

不同的生产机械，由于其具体生产工艺过程不同，因而对转速控制的要求也就不完全相同，但归纳起来一般包括以下几个方面：

调速——在一定的最高转速和最低转速范围内，分挡地（有级）或 平滑地（无级）调节转速；

稳速——以一定的精度在所需转速上稳定运行，在各种干扰下（如电网电压波动、负载变化等）不允许有过大的转速波动，以确保产品质量；

加减速——对于频繁起、制动的设备要求加、减速尽量快，以提高生产效率，不宜经受剧烈速度变化的机械则要求起动、制动尽量平稳。

前两项调速和稳定速度是自动控制系统静态方面的要求，而后一项加、减速是控制系统动态方面的要求。为了分析调速系统静态品质的好坏，针对调速和稳速两项要求，采用以下调速指标来衡量。

2）调速指标（定量分析调速系统的稳态性能指标）

（1）静差率当系统在某一转速下稳定运行时，负载由理想空载增加到额定值时所对应的转速降落 Δn_N，与理想空载转速 n_0 之比，称作静差率 s，即转速变化率，用百分数表示

$$s = \frac{\Delta n_N}{n_0} \times 100\% \tag{7.2}$$

式中：$\Delta n_N = n_0 - n_N$。显然，静差率是用来衡量调速系统负载变化时转速变化的程度，它的大小与机械特性的硬度有关。机械特性越硬，速度降落 Δn_N 越小，静差率 s 越小，说明电动机转速变化程度越小，稳态精度越高。

（2）调速范围：生产机械要求电动机提供的最高转速 n_{max} 和最低转速 n_{min} 之比叫作调速范围，用字母 D 表示，即

$$D = \frac{n_{max}}{n_{min}} \tag{7.3}$$

其中 n_{max} 和 n_{min} 一般都指电机额定负载时的转速，对于少数负载很轻的机械，例如精密磨床，也可用实际负载时的转速。D 值越大，系统的调速范围越宽。

（3）静差率与机械特性硬度的区别：调压调速系统在不同转速下的机械特性互相平行。对于同样硬度的特性，理想空载转速越低时，静差率越大，转速的相对稳定度越差。

例如：在 1 000 r/min 时降落 10 r/min，只占 1%；在 100 r/min 时同样降落 10 r/min，就占 10%；如果在只有 10 r/min 时，再降落 10 r/min，就占 100%，这时电动机已经停止转动，转速全部降落到零。

因此，调速范围和静差率这两项指标并不是彼此孤立的，必须同时提才有意义。调速系统的静差率指标应以最低速时所能达到的数值为准。

（4）调速范围、静差率和额定速降之间的关系

设电机额定转速 n_N 为最高转速，转速降落为 Δn_N，则按照上面分析的结果，该系统的静差率应该是最低速时的静差率。

于是，最低转速为

$$n_{\min} = \frac{\Delta n_N}{s} - \Delta n_N = \frac{(1-s)\Delta n_N}{s}$$

而调速范围为

$$D = \frac{n_{\max}}{n_{\min}} = \frac{n_N}{n_{\min}}$$

将上面的式代入 $n_{\min}$ 得

$$D = \frac{n_N s}{\Delta n_N (1-s)} \tag{7.4}$$

式（7.4）表示调压调速系统的调速范围、静差率和额定速降之间所应满足的关系。对于同一个调速系统，速度降落 Δn_N 值一定，如果对静差率要求越严，即要求 s 值越小时，系统能够允许的调速范围也越小。

三、任务分析与实施

调速系统是以电动机作为原动机驱动生产机械，实现生产机械的自动控制，用以完成生产机械的起动、停止、速度调节等任务，以满足各种生产工艺过程的要求。目前调速系统有轧钢机、起重机、泵、风机、精密机床等大型调速系统，也有空调机、电冰箱、洗衣机等小容量调速系统。调速系统要求能调速、运行稳定，对于频繁起动、制动的设备要求加、减速尽量快。调速性能指标包括静差率、调速范围等。

📋 训练任务①

分析调速系统性能指标之间的关系：

某直流调速系统电动机额定转速为 $n_N = 1\,430$ r/min，转速降落 $\Delta n_N = 115$ r/min，当要求静差率 30% 时，允许多大的调速范围？如果要求静差率 20%，则调速范围是多少？如果希望调速范围达到 10，所能满足的静差率是多少？

✋ 分析与实施

要求 30% 时，调速范围为

$$D = \frac{n_N s}{\Delta n_N (1-s)} = \frac{1430 \times 0.3}{115 \times (1-0.3)} = 5.3$$

若要求 20%，则调速范围只有

$$D = \frac{1\,430 \times 0.2}{115 \times (1-0.2)} = 3.1$$

若调速范围达到 10，则静差率只能是

$$s = \frac{D\Delta n_N}{n_N + D\Delta n_N} = \frac{10 \times 115}{1430 + 10 \times 115} = 0.446 = 44.6\%$$

由此可见，调速范围和静差率这两项指标并不是彼此孤立的，必须同时提才有意义。它们之间有一定的约束关系，一个调速系统的调速范围，是指在最低速时还能满足所需静差率的转速可调范围。脱离了对静差率的要求，任何调速系统都可以获得极高的调速范围；反过来说，脱离了调速范围，要满足静差率要求也就容易得多，但这没有什么意义。调速范围 D 与静差率 s 这两个静态指标常常是根据生产机械的工艺要求而定的。

任务二　开环直流调速系统的分析

一、任务导入

晶闸管直流调速系统在机械、冶金、纺织、印刷等许多部门仍有不少应用。对于调速系统来说，被控对象是电动机，被控量是调速系统的转速即电动机的转速。下面通过分析晶闸管可控整流器供电的直流调速系统 (V-M 系统) 的组成，分析开环系统的性能。

二、相关知识点

1. 晶闸管可控整流器供电的直流调速系统 (V-M 系统) 工作原理

图 7.1 中 V 为晶闸管整流装置，输出的直流电压 U_d 作为被控对象直流电动机 M 的可控电枢电源，GT 为晶闸管触发装置，送触发脉冲给晶闸管整流装置 V。根据电力电子变流技术整流知识知道，调节触发装置 GT 的控制电压，控制触发脉冲的相位，即改变直流电压 U_d，实现了电动机的调速。这种用触发装置 GT 的控制电压控制电动机的转速，就是 V—M 开环调速系统。

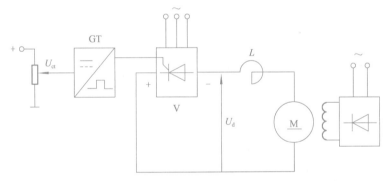

图 7.1　晶闸管可控整流器供电的直流调速系统 (V-M 系统)

图 7.1 中，若平波电抗器电感 L 足够大，使电流连续，如果把整流装置内部的电阻压降、器件正向压降和变压器漏抗引起的换相压降都移到整流装置外面作为负载的一部分，则稳定运行时，电枢回路的电压平衡方程式为

$$U_{do}=E+I_dR$$

式中：U_{do} 为理想空载整流电压平均值（$U_{do}=AU_2\cos\alpha$，A 为整流系数，U_2 为整流变压器二次侧相电压有效值）；I_d 为整流输出电流的平均值；E 为电枢反电动势，$E=ke\Phi n$，调压调速时 Φ 为额定励磁磁通；$ke\Phi$ 为定值用常系数 C_e 表示，故 $E=C_e n$；R 为电枢回路总电阻。

机械特性方程式 (固有机械特性) 连续段

$$n = n_0 - \Delta n = \frac{U_d}{K_e\Phi_N} - \frac{R_{\Sigma a}}{K_e C_m \Phi_N^2} T_e$$

因为 $T_e = C_m \Phi_N I_a$，并令 $C_e = K_e \Phi_N$，

机械特性变为

$$n = \frac{U_d}{C_e} - \frac{R_{\Sigma a}}{C_e} I_a = n_0 - \Delta n \tag{7.5}$$

2. 开环直流调速系统 (V-M) 系统存在的问题

虽然开环系统能够实现平滑无级调速，但其机械特性比较软，稳速能力差。当生产机械对稳速性能没有什么要求，开环系统可满足一定范围内的平滑调速的要求，但是，许多生产机械除需要无级调速外，常常还有对静差率的要求。在这种情况下，开环调速系统是不能满足要求的。下面通过一个例题分析系统存在的问题。

例如：某龙门刨床工作台拖动采用直流电动机：60 kW、220 V、305 A、1 000 r/min，电动机 $C_e = 0.2$ V·(r/min)$^{-1}$。要求：$D = 20$，$s \leqslant 5\%$。若采用开环直流调速系统，已知主回路 $R = 0.18 \ \Omega$。

则当电流连续时，开环系统的转速降落

$$\Delta n_N = I_N R / C_e = (305 \times 0.18/0.2) \text{r/min} = 275 \text{ r/min}$$

而要满足 $D = 20$，$s \leqslant 5\%$ 的要求，必须使

$$\Delta n_N = n_N S / D(1-s) = 1000 \times 0.05/20(1-0.05) = 2.63 \text{ r/min}$$

显然开环 V-M 系统不能满足生产工艺的要求，如何减少 Δn_N 呢？

三、任务分析与实施

晶闸管可控整流器供电的直流调速系统 (V-M 系统) 包括晶闸管整流装置，输出的直流电压作为被控对象直流电动机的可控电枢电源。晶闸管触发装置，送触发脉冲给晶闸管整流装置，通过调节触发装置控制电压，控制触发脉冲的相位，即改变直流电压，实现了电动机的调速。这种用触发装置通过控制电压来控制电动机的转速，称为 V-M 开环调速系统。

训练任务②

开环调速系统与性能指标之间的关系：

某龙门刨床工作台拖动采用直流电动机，其额定数据如下：60kW、220V、305A、1000r/min，采用 V-M 系统，电枢回路电阻 $R_a = 0.0375\Omega$。如果要求调速范围 $D = 20$，静差率为 5%，采用开环调速能否满足？若要满足这个要求，系统的额定速降最多能有多少？

分析与实施

把已知数据代入固有机械特性中，有

$$n_N = \frac{U_N}{C_e} - \frac{R_a}{C_e} I_N = \frac{U_N - R_a I_N}{C_e}$$

于是

$$C_e = \frac{U_N - R_a I_N}{n_N} = \frac{220 - 0.037\ 5 \times 305}{1\ 000} \text{ V·(r/min)}^{-1} = 0.208\ 5 \text{ V·(r/min)}^{-1}$$

可得

$$n_0 = \frac{U_N}{C_e} = \frac{220}{0.208\ 5} \text{ r/min} = 1\ 055 \text{ r/min}$$

$$\Delta n_{\mathrm{N}} = \frac{R_{\mathrm{a}}}{C_{\mathrm{e}}} I_{\mathrm{N}} = \frac{0.0375 \times 305}{0.2085} \, \mathrm{r/min} = 55 \, \mathrm{r/min}$$

也可以这样计算：

$$\begin{aligned} \Delta n_{\mathrm{N}} &= n_0 - n_{\mathrm{N}} \\ &= 1055 \, \mathrm{r/min} - 1000 \, \mathrm{r/min} \\ &= 55 \, \mathrm{r/min} \end{aligned}$$

要求的调速范围 $D=20$，其最低工作速度

$$n_{\min} = \frac{n_{\max}}{D} = \frac{1000 \, \mathrm{r/min}}{20} = 50 \, \mathrm{r/min}$$

这时的静差率为

$$s = \frac{\Delta n_{\mathrm{N}}}{n_{0\min}} = \frac{\Delta n_{\mathrm{N}}}{n_{\min} + \Delta n_{\mathrm{N}}} = \frac{55}{50 + 55} = 0.524 = 52.4\%$$

这已远远不能满足 5% 的加工精度技术要求，对于龙门刨床，一般来说，在 $D = 20 \sim 40$，静差率 $s \leqslant 5\%$。显然，指标相差太远。所以，开环调速系统只适用于对调速精度要求不高的场合。

开环调速系统能够实现平滑无级调速，但其机械特性曲线斜率较大，特性比较软，稳速能力差。当生产机械对稳速性能没有什么要求，开环系统可满足一定范围内的平滑调速的要求，但是，许多生产机械除需要无级调速外，常常还有对静差率的要求。在这种情况下，开环调速系统是不能满足要求的。所以，开环调速系统只适用于对调速精度要求不高的场合。

任务三 单闭环直流调速系统的分析

一、任务导入

开环系统不能满足系统性能指标的要求，根据自动控制原理，闭环反馈控制是按被调量偏差进行调节的系统，只要被调量出现偏差，它就会自动产生纠正这一偏差的作用。如果我们将转速作为被调量，那么只要被调量转速出现偏差，闭环反馈控制就会自动纠正这一偏差，Δn_{N} 正是由负载引起的转速偏差，所以采用闭环调速系统是能够大大减少 Δn_{N} 的。下面我们将闭环控制方法用在调速系统中，分析调速系统的性能。

二、相关知识点

单闭环调速系统组成及工作原理如下所述。

1）单闭环调速系统的组成

图 7.2 中 TG 为测速发电机，由此引出与被调量转速成正比的负反馈电压 U_n 与给定电压 U_n^*（与给定转速对应）相比较，得到偏差电压 Δn_{N}（为转速偏差信号），经放大器 A 产生触发装置的控制电压 U_{ct}，从而控制电动机的转速。该系统用转速偏差信号进行调速，从而产生自动纠正转速偏差的作用，使 Δn_{N} 大大减少，因为系统只有一个转速反馈环，所以称为转速负反馈单闭环调速系统。

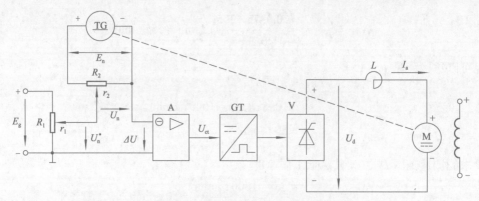

图 7.2 转速负反馈控制的闭环调速系统

2）单闭环系统的各环节之间的关系

为了突出主要矛盾，先做如下的假定：

（1）忽略各种非线性因素，假定各环节输入输出都是线性的。

（2）假定只工作在 V-M 系统开环机械特性的连续段。

（3）忽略直流电源和电位器的内阻。

这样各环节的稳态关系如下：

（1）测速发电机输出与转速成正比的转速反馈电压 U_n：

$$U_n = \alpha n$$

式中：α 为测速反馈系数

（2）转速反馈电压 U_n 与给定电压 U_n^* 比较得到偏差信号 ΔN_n：

$$\Delta U_n = U_n^* - U_n$$

（3）A 为电压放大器

$$U_{ct} = K_p \Delta U_n$$

K_p 为放大器的电压放大系数，触发与整流装置的输入信号为 U_{ct}，输出信号为 U_d，此前已假定各环节的输入与输出关系均是线性关系。

（4）$U_d = K_s \Delta U_n$，K_s 为触发与整流装置的电压放大系数。

V-M 系统的开环机械特性：

$$n = \frac{U_d - I_d R}{C_e}$$

将上述消去中间变量，可以得到 n 与 I_d 的稳态关系：

$$n = \frac{K_p K_s U_n^* - I_d R}{C_e (1 + K_p K_s \alpha / C_e)}$$

此方程称为转速负反馈单闭环调速系统的静特性方程式。

用 $K = K_p K_s \alpha / C_e$ 代入上式，可得

$$n = \frac{K_p K_s U_n^*}{C_e (1 + K)} - \frac{R I_d}{C_e (1 + K)} \tag{7.6}$$

K 相当于是在测速发电输出端将反馈回路断开后从放大器输入直到测速发电机输出总的电

压放大系数，所以称 K 为闭环系统的开环放大系数。

3）系统的稳态结构图和静特性

根据上述各环节的稳态关系，可先画出各个环节的部分结构图，将部分结构图依次相连接，得到系统的稳态结构图。

由图 7.3 可见，单闭环调速系统有两个输入信号：给定信号 U_n^*，扰动信号 $-I_dR$。假定系统是线性的，可以利用叠加原理分别求出给定电压与扰动量与系统转速之间的关系，再进行代数叠加，便可得到系统的静特性方程。

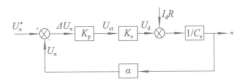

图 7.3　转速负反馈控制的稳态结构图

将给定量和扰动量看成两个独立的输入量：

（1）单闭环系统只考虑给定作用（扰动设为 0）如图 7.4 所示。

$$n = \frac{K_p K_s U_n^*}{C_e(1+K)}$$

(2) 单闭环系统只考虑扰动作用（给定设为 0）如图 7.5 所示。

$$n = -\frac{R_a I_d}{C_e(1+K)}$$

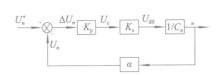

图 7.4　只考虑给定作用稳态结构图　　图 7.5　只考虑扰动作用稳态结构图

两者叠加起来，即可得到系统的静特性方程式：

$$n = \frac{K_A U_n^*}{C_e(1+K)} - \frac{R_{\Sigma a}}{K_e(1+K)} I_a = n_{0cl} - \Delta n_{cl} \tag{7.7}$$

转速开环系统的开环放大系数 K 为

$$K = \frac{K_p K_s \alpha}{C_e} \tag{7.8}$$

可见，相当于在测速反馈环断开后，从放大器输入起直到测速反馈输出为止总的电压放大系数，即各环节放大系数的乘积。

4）开环调速系统机械特性和闭环系统静特性的比较

比较一下开环系统的机械特性和闭环系统的静特性，分析反馈闭环控制的优越性。

开环机械特性：

$$n = \frac{U_d - I_d R_{\sum a}}{K_e} = \frac{K_p K_s U_n^*}{K_e} - \frac{R_{\sum a} I_d}{K_e} = n_{0op} - \Delta n_{op}$$

闭环时的静特性：

$$n = \frac{K_p K_s U_n^*}{K_e(1+K)} - \frac{R_{\sum a} I_d}{K_e(1+K)} = n_{0cl} - \Delta n_{cl}$$

开环系统与闭环系统特性比较：

（1）闭环系统静性比开环系统机械特性硬得多。

在同样的负载扰动下，两者的转速降落分别为

$$\Delta n_{op} = \frac{R I_d}{K_e} \quad \text{和} \quad \Delta n_{cl} = \frac{R I_d}{K_e(1+K)}$$

可以看出它们的关系：$\varnothing n_{cl} = \dfrac{\varnothing n_{op}}{1+K}$。

当开环放大系数 K 值较大时，$\Delta n_{cl} << \Delta n_{op}$，那么闭环系统降低速降的实质是什么？调速系统的稳态速降是电枢回路电阻压降决定的，难道闭环后能使 R 减小？

首先分析一下开环系统，由机械特性固有方程可得到 $I_d \uparrow \to I_d R \uparrow \to n \downarrow$，转速只能降下来。而闭环系统的调节过程是 $I_d \uparrow \to I_d R \uparrow \to n \downarrow \to U_n \downarrow \to \Delta U_n \uparrow \to U_{ct} \uparrow \to U_{do} \uparrow \to n \uparrow$（转速回升）。

由上述的分析可知，每增加一点负载，系统就相应地提高一点 U_{do}，因而使系统工作在新的机械特性上，从而使 Δn 减少。闭环系统能够减少稳态速降的实质在于它的自动调节作用，在于它能够随负载变化而相应的改变整流电压，从而使系统工作在新的机械特性上，使 Δn 减少。闭环系统的静特性就是这样在许多开环机械特性上各取相应的工作点，再由这些点集合而成的。从这里可以看到静特性与机械特性的区别。

（2）闭环系统的静差率比开环系统要小得多。

闭环系统和开环系统的静差率分别为

$$s_{cl} = \frac{\Delta n_{cl}}{n_{0cl}} \quad \text{和} \quad s_{op} = \frac{\Delta n_{op}}{n_{0op}}$$

当 $n_{0cl} = n_{0op}$ 时，

$$s_{cl} = \frac{s_{op}}{1+K}$$

（3）静差率一定时，闭环系统大大提高调速范围。

闭环系统和开环系统的调速范围

$$D_{cl} = \frac{n_N s}{\Delta n_{cl}(1-s)} \quad \text{和} \quad D_{op} = \frac{n_N s}{\Delta n_{op}(1-s)}$$

最高转速与最低转速静差率要求相同时，$D_{cl} = (1+K)D_{op}$

（4）要取得上述三项优势，必须设置放大器。

$$K = \frac{K_p K_s a}{C_e}$$

以上三个式子表明，只有 K 足够大，三项优点才有效，所以必须设置放大器。

综上所述，闭环系统可以获得比开环系统硬得多的稳态特性，从而保证在一定 s 的要求下，能够提高 D，为此所需付出的代价是须增设检测与反馈装置和电压放大器。

三、任务分析与实施

在转速负反馈单闭环调速系统中，被调量转速负反馈电压 U_n 与给定电压 U_n^*（与给定转速对应）相比较，得到 Δn_N（为转速偏差信号），经放大器 A 产生触发装置的控制电压 U_{ct}，从而控制电动机的转速。该系统用转速偏差信号进行调速，从而产生自动纠正转速偏差的作用，使 Δn_N 大大减少，因为系统只有一个转速反馈环，所以称为转速负反馈单闭环调速系统。

训练任务③

转速负反馈的实现与参数求解，对于有静差调速系统要实现无静差的方法。

V-M 直流调速系统如图 7.6 所示。已知参数如下：电动机：P_N=2.2 kW，U_N=220 V，I_N=12 A，n_N=1500 r/min，R_a=1 Ω，整流装置内阻 R_{rec}=1 Ω，触发器整流环节的放大倍数 K_s=30。控制静态要求：$U_{n\max}^*$=15 V，D=10，$s \leqslant 10\%$。

（1）选择控制方式，开环控制行吗，为什么？

（2）闭环如何接线？请在图 7.6 的○处标明极性。

（3）计算闭环系统参数：闭环系统的开环放大系数 K、转速反馈系数 α、控制器放大倍数 K_p 各为何值？

（4）调速系统若要实现无静差调速，可以采取什么措施？

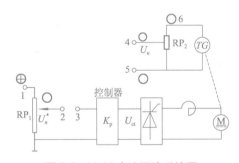

图 7.6　V–M 直流调速系统图

分析与实施

（1）采用开环控制式，直流调速系统：

由

$$n_N = \frac{U_N - I_N R_\Sigma}{C_e}$$

可得

$$C_e = \frac{U_N - I_N R_\Sigma}{n_N} = \frac{220 - 12 \times 2}{1500} = 0.13$$

$$\Delta n_k = \frac{I_N R_\Sigma}{C_e} = \frac{12 \times 2}{0.13} \text{ r/min} = 185 \text{ r/min}$$

$$s = \frac{\Delta n_k}{n_{\text{omin}}} = \frac{\Delta n_k}{\dfrac{n_k}{D} + \Delta n_k} = \frac{185}{150 + 185} = \frac{185}{335} = 0.55 = 55\%$$

可见 $s >> 10\%$，采用开环控制调速系统不能满足性能指标的要求。

（2）若采用闭环控制，则有：

极性：由 1 + ，得 2 + ，4 + ，5 − ，6 + 。

连接：2 接 4，3 接 5（负反馈：$U_g \approx -U_f$）。

所以转速负反馈的实现方法之一就是将转速反馈环节的负极接入到放大环节中。

（3）采用闭环调速时候，各环节的参数为

$$\alpha = \frac{U_{g\max}}{n_N} = \frac{15}{1500} = 0.01$$

$$\Delta n_b = \frac{n_N S}{D(1-S)} = \frac{1500 \times 0.1}{10 \times (1-0.1)} \text{ r/min} = 16.7 \text{ r/min}$$

由 $\Delta n_b = \dfrac{\Delta n_k}{1+K}$ 得

$$K = \frac{\Delta n_k}{\Delta n_b} - 1 = \frac{18.5}{16.7} - 1 = 10$$

由 $K = \dfrac{K_p K_s \alpha}{C_e}$ 得

$$K_p = \frac{KC_e}{K_s \alpha} = \frac{10 \times 0.13}{30 \times 0.01} = 4.33$$

式中：开环放大倍数 $K_k = K_p K_v \dfrac{1}{C_e}$，反馈回路增益 $K = K_k K \alpha$。

（4）调速系统要实现无静差控制，根据自动控制原理的知识，调节器采用 PI 调节器可以实现。

闭环系统能够减少稳态速降的实质在于它的自动调节作用，在于它能随着负载的变化而相应地改变电枢电压，以补偿电枢回路电阻压降。闭环调速系统可以获得比开环调速系统硬得多的稳态特性，从而在保证一定静差率的要求下，能够提高调速范围，为此所需付出的代价是，须增设电压放大器以及检测与反馈装置。

任务四 双闭环直流调速系统的分析

一、任务导入

在工程应用中，单闭环调速系统只有一个调节器，各参数间易产生相互影响，单闭环内的任何扰动，只有等到转速出现偏差才能进行调节，因而出现转速动态降落大等问题。怎么改善呢？由前面几章所学的知识知道负反馈和 PI 调节器可以在保证系统稳定的前提下实现输出量的快速性和稳定性。但是，如果对系统的动态性能要求较高，例如：要求快速起动、制动，突加负载，动态速降小，等等，单闭环系统就难以满足需要。因为，在单闭环系统中不能随心所欲地控制电流和转矩的动态过程。

现在的问题是，我们希望能实现这样的控制：

起动过程，只有电流负反馈，没有转速负反馈；稳态时，只有转速负反馈，没有电流负反馈。怎样才能做到既存在转速和电流两种负反馈，又使它们只能分别在不同的阶段里起作用呢？

二、相关知识点

转速、电流双闭环直流调速系统的组成和静特性如下所述。

为了实现转速和电流两种负反馈分别起作用，可在系统中设置两个调节器，分别调节转速和电流，即分别引入转速负反馈和电流负反馈。两者之间实行嵌套（或称串级）连接如图 7.7 所示。

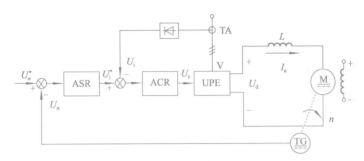

图 7.7　转速、电流双闭环直流调速系统

1）转速、电流双闭环调速系统的组成

图 7.7 中，ASR 为转速调节器，ACR 为电流调节器，TG 为测速发电机，TA 为电流互感器，UPE 为电力电子变换器。把转速调节器的输出当作电流调节器的输入，再用电流调节器的输出去控制电力电子变换器 UPE。从闭环结构上看，电流环在里面，称作内环；转速环在外边，称作外环。这就形成了转速、电流双闭环调速系统。为了获得良好的静、动态性能，转速和电流两个调节器一般都采用 PI 调节器，为了保证系统响应的快速性和保护系统的装置，两个调节器的输出都是带限幅作用的。

2）转速、电流双闭环调速系统结构图和静特性

（1）双闭环调速系统稳态结构图

根据单闭环转速负反馈调速系统的稳态结构图和双闭环转速、电流实行串级连接，可以得到双闭环系统的稳态结构如图 7.8 所示。

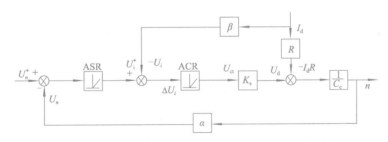

图 7.8　转速、电流双闭环直流调速系统稳态结构图

（2）PI 调节器稳态时的特征

PI 调节器饱和时：输出为限幅值，输入量的变化不再影响输出量，暂时隔断了输入和输出的联系，只有当输入量反向时，PI 调节器才退出饱和。

PI 调节器不饱和时：输出量未达到限幅值，输入量在稳态总为零，而输出为一个恒定的值。双闭环调速系统将 ACR 设计得不会饱和，将 ASR 设计得有饱和和不饱和两种情况，所以在正常运行时，ACR 是不会饱和的。

3）双闭环调速系统的静特性

（1）SR、ACR 不饱和时

因为 ASR、ACR 均不饱和，系统处于稳态时，有

$\Delta U_n=0$、$\Delta U_i=0$，即 $U_n^*=U_n=\alpha n$、$U_i^*=U_i=\beta I_d$

所以 $n=U_n^*/\alpha=n_0$，$I_d=U_i^*/\beta<I_{dm}$。

因为 ASR 不饱和，$U_i^*<U_{in}$。因此，这段静特性从 $I_d=0$ 一直延续到 $I_d=I_{dm}$，n 保持 n_0 不变，为图 7.9 中的运行段。

（2）ASR 饱和，ACR 不饱和时

ASR 饱和，输出 U_{im}^*，转速的变化不影响 U_{im}^*，转速外环呈开环状态，由于 ACR 不饱和，所以

$$U_{im}^*=U_i=\beta I_d$$

则

$$I_d=U_{im}^*/\beta<I_{dm}$$

I_{dm} 是 U_{im}^* 所对应的允许的电枢电流的最大值，此时系统表现为恒流调节系统。这段静特性从 $n=0$ 一直延续到 $n=n_0$，I_d 保持 I_{dm} 不变，为图 7.9 中的下垂段。

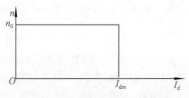

图 7.9　双闭环调速系统的静特性

这样的下垂特性只适合于 $n>n_0$ 的情况。

当 $n\geqslant n_0$ 时，$U_n\geqslant U_n^*$，$\Delta U_n\leqslant0$，ASR 将退出饱和状态。

双闭环的静特性在负载电流小于 I_{dm} 时表现为转速无静差，当负载电流达到 I_{dm} 后表现为电流无静差。

4）各变量的稳态工作点和稳态参数计算

系统在稳态工作中，当两个调节器都不饱和时，$\Delta U_n=0$，$\Delta U_i=0$ 根据稳态结构图，有

$$U_n^*=U_n=\alpha n \qquad n=U_n^*/\alpha$$
$$U_i^*=U_i=\beta I_d=\beta I_{dL} \qquad I_d=U_i^*/\beta$$
$$U_\alpha=\frac{U_{do}}{K_s}=\frac{Cen+I_dR}{K_s}=\frac{CeU_n^*/\alpha+I_dR}{K_s}$$

n 由 U_n^* 决定，I_d 由 U_i^* 决定，U_α 由 n 和 I_d 决定，n 与 I_d 需要 PI 调节器提供多大的 U_α，它就能提供多少，直至 PI 调节器饱和为止。（这正是 PI 调节器与 P 调节器的不同之处）

稳态参数 α、β 的计算：

$$U_{nm}^*=\alpha n_{max}，\quad U_{im}^*=\beta I_{dm} \tag{7.9}$$

由以上分析可得

$$\alpha=\frac{U_{nm}^*}{n_{max}}，\quad \beta=\frac{U_{im}^*}{I_{dm}}$$

三、任务分析与实施

为了实现转速和电流两种负反馈分别起作用，可在系统中设置两个调节器，分别调节转速和电流，即分别引入转速负反馈和电流负反馈。

训练任务④

双闭环调速系统中电流调节器反馈参数和转速调节器反馈参数的求解。

双闭环调速系统中已知数据为：电动机：U_N=110V，I_N=20A，n_N=1 000 r/min，电枢回路总电阻 R=2.5 Ω。设 U^*_{nm}=U^*_{im}=U_{ctm}=8V，电枢回路最大电流 I_{dm}=40 A，K_s=20，ASR 与 ACR 均采用 PI 调节器。试求：电流反馈系数 β 和转速反馈系数 α。

分析与实施

$$\alpha = \frac{U^*_{nm}}{n_N} = \frac{8}{1\ 000} = 0.008 \text{V} \cdot (\text{r/min})^{-1}$$

$$\beta = \frac{U^*_{im}}{I_{dm}} = \frac{8}{40} = 0.2 \text{A/V}$$

把转速调节器的输出当作电流调节器的输入，再用电流调节器的输出去控制电力电子变换器。从闭环结构上看，电流环在里面，称作内环；转速环在外边，称作外环。这就形成了转速、电流双闭环调速系统。为了获得良好的静态、动态性能，转速和电流两个调节器一般都采用 PI 调节器，两个调节器的输出都是带限幅作用的。转速调节器 ASR 的输出限幅电压决定了电流给定电压的最大值；电流调节器 ACR 的输出限幅电压限制了电力电子变换器的最大输出电压。

任务五　按工程设计方法设计双闭环系统的调节器

一、任务导入

本次任务将应用前述的工程设计方法来设计转速、电流双闭环调速系统的两个调节器，使其满足系统的动静态性能指标。怎样设计，设计原则是什么？转速、电流双闭环调速系统如图 7.10 所示。其中：T_{0i} 为电流反馈滤波时间常数。T_{0n} 为转速反馈滤波时间常数。

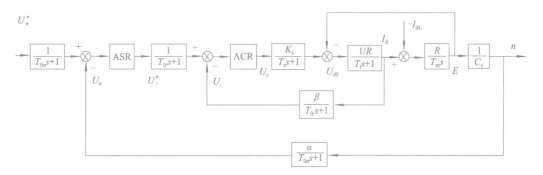

图 7.10　双闭环调速系统的动态结构图

双闭环调速系统的实际动态结构图与前述的系统动态结构图不同之处在于增加了滤波环节，包括电流滤波、转速滤波和两个给定信号的滤波环节。

系统设计遵循"先内环后外环"的一般原则：从内环开始，逐步向外扩展。在这里，首先设计电流调节器，然后把整个电流环看作是转速调节系统中的一个环节，再设计转速调节器。下面我们具体分析电流环与转速环的设计方法。

二、相关知识点

1．电流调节器的设计

设计分为：电流环结构图的简化，电流调节器结构的选择，电流调节器的参数计算，电流调节器的实现等步骤。

1）电流环结构图的简化

电流环结构图的简化分为：忽略反电动势的动态影响，等效成单位负反馈系统，小惯性环节近似处理。

（1）在按动态性能设计电流环时，可以暂不考虑反电动势变化的动态影响，即 $\Delta E \approx 0$。这时，电流环如图 7.11 所示。

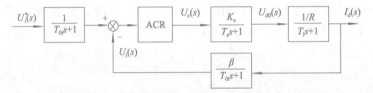

图 7.11　电流环的动态结构图及其化简

（2）等效成单位负反馈系统。如果把给定滤波和反馈滤波两个环节都等效地移到环内，同时把给定信号改成 $U_i^*(s)/\beta$，则电流环便等效成单位负反馈系统如图 7.12 所示。

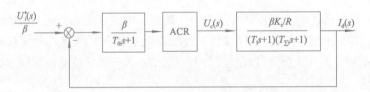

图 7.12　等效成单位负反馈系统

（3）小惯性环节近似处理

最后，由于 T_s 和 T_{0i} 一般都比 T_l 小得多，可以当作小惯性群而近似地看作是一个惯性环节，其时间常数为

$$T\sum i = T_s + T_{oi} \tag{7.10}$$

简化的近似条件为

$$\omega_{ci} \leqslant \frac{1}{3}\sqrt{\frac{1}{T_s T_{oi}}} \tag{7.11}$$

电流环结构图最终简化成图 7.13。

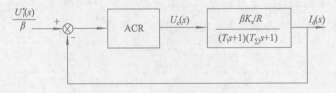

图 7.13　电流环结构图化简

2）电流调节器结构的选择

（1）典型系统的选择

从稳态要求上看，希望电流无静差，以得到理想的堵转特性，采用 I 型系统就够了。

从动态要求上看，实际系统不允许电枢电流在突加控制作用时有太大的超调，以保证电流在动态过程中不超过允许值，而对电网电压波动的及时抗扰作用只是次要的因素，为此，电流环应以跟随性能为主，应选用典型 I 型系统。

（2）电流调节器选择

电流环的控制对象是双惯性型的，要校正成典型 I 型系统，显然应采用 PI 型的电流调节器，其传递函数可以写成

$$W_{\mathrm{ACR}}(s) = \frac{K_i(\tau_i s + 1)}{\tau_i s}$$

式中：K_i——电流调节器的比例系数；

　　　τ_i——电流调节器的超前时间常数。

为了让调节器零点与控制对象的大时间常数极点对消，选择

$$\tau_{i} = T_l$$

则电流环的动态结构图便成为图所示的典型形式，其中

$$K_{\mathrm{I}} = \frac{K_i K_s \beta}{\tau_i R}$$

（3）校正后电流环的结构和特性

① 动态结构图如图 7.14 所示。

② 开环对数幅频特性如图 7.15 所示。

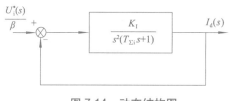

图 7.14　动态结构图

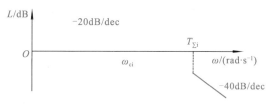

图 7.15　校正成典型 I 型系统的电流环

2. 转速调节器的设计

设计分为电流环的等效闭环传递函数，转速调节器结构的选择，转速调节器参数的选择，转速调节器的实现等步骤。

1）电流环的等效闭环传递函数

（1）电流环闭环传递函数

电流环经简化后可视作转速环中的一个环节，为此，须求出它的闭环传递函数。

$$W_{\mathrm{cli}}(s) = \frac{I_d(s)}{U_i^*(s)/\beta} = \frac{\dfrac{K_{\mathrm{I}}}{s(T_{\Sigma i}s+1)}}{1+\dfrac{K_{\mathrm{I}}}{s(T_{\Sigma i}s+1)}} = \frac{1}{\dfrac{T_{\Sigma i}}{K_{\mathrm{I}}}s^2 + \dfrac{1}{K_{\mathrm{I}}}s + 1}$$

（2）传递函数化简

忽略高次项，上式可降阶近似为

$$W_{cli}(s) \approx \frac{1}{\dfrac{1}{K_I}s+1}$$

近似条件可求出

$$\omega_{cn} \leqslant \frac{1}{3}\sqrt{\frac{K_I}{T_{\Sigma i}}} \tag{7.12}$$

式中：ω_{cn} 为转速环开环频率特性的截止频率。

（3）电流环等效传递函数

接入转速环内，电流环等效环节的输入量应为 $U^*_i(s)$，因此电流环在转速环中应等效为

$$\frac{I_d(s)}{U^*_i(s)} = \frac{W_{cli}(s)}{\beta} \approx \frac{\dfrac{1}{\beta}}{\dfrac{1}{K_I}s+1}$$

这样，原来是双惯性环节的电流环控制对象，经闭环控制后，可以近似地等效成只有较小时间常数的一阶惯性环节。

上述表明，电流的闭环控制改造了控制对象，加快了电流的跟随作用，这是局部闭环（内环）控制的一个重要功能。

2）转速调节器结构的选择

（1）转速环的动态结构

用电流环的等效环节代替电流环后，整个转速控制系统的动态结构图便如图 7.16 所示。

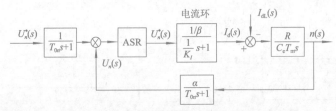

图 7.16　转速环的动态结构图及其简化

（2）系统等效和小惯性的近似处理

和电流环中一样，把转速给定滤波和反馈滤波环节移到环内，同时将给定信号变更为 $U^*_n(s)/\alpha$，再把两个小惯性环节合并起来，近似成一个时间常数为的惯性环节，其中

$$T_{\Sigma n} = \frac{1}{K_I} + T_{on}$$

（3）转速环结构简化（略）

（4）转速调节器选择

为了实现转速无静差，在负载扰动作用点前面必须有一个积分环节，它应该包含在转速调节器 ASR 中（见图 7.17），现在在扰动作用点后面已经有了一个积分环节，因此转速环开环传递函数应共有两个积分环节，所以应该设计成典型 II 型系统，这样的系统同时也能满足动态抗扰性能好的要求。

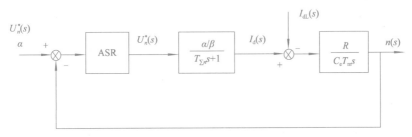

图 7.17　等效成单位负反馈系统和小惯性的近似处理

由此可见，ASR 也应该采用 PI 调节器，其传递函数为

$$W_{\text{ASR}}(s) = \frac{K_n(\tau_n s + 1)}{\tau_n s}$$

式中：K_n——转速调节器的比例系数；

　　　τ_n——转速调节器的超前时间常数。

（5）调速系统的开环传递函数

这样，调速系统的开环传递函数为

$$W_n(s) = \frac{K_n(\tau_n s + 1)}{\tau_n s} \cdot \frac{\dfrac{\alpha R}{\beta}}{C_e T_m s(T_{\Sigma n}s + 1)} = \frac{K_n \alpha R(\tau_n s + 1)}{\tau_n \beta C_e T_m s^2 (T_{\Sigma n}s + 1)}$$

令转速环开环增益为

$$K_N = \frac{K_n \alpha R}{\tau_n \beta C_e T_m}$$

则

$$W_n(s) = \frac{K_N(\tau_n s + 1)}{s^2 (T_{\Sigma n}s + 1)}$$

（6）校正后的系统结构（见图 7.18）

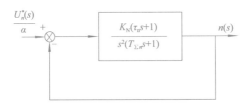

图 7.18　校正后成为典型 Ⅱ 型系统

3）转速调节器的参数计算

转速调节器的参数包括 K_n 和 τ_n。按照典型 Ⅱ 型系统的参数关系，$\tau_n = hT_{\Sigma n}$，

因为

$$K_N = \frac{h+1}{2h^2 T_{\Sigma n}^2}$$

所以

$$K_n = \frac{(h+1)\beta C_e T_m}{2h\alpha R T_{\Sigma n}}$$

至于中频宽 h 应选择多少，要看动态性能的要求决定。无特殊要求时，一般可选择 $h=5$。

按照上述工程设计方法设计双闭环调速控制系统，常常是外环的响应比内环慢，这样做，虽然不利于快速性，但每个控制环本身都是稳定的，对系统的组成和调试工作非常有利。

三、任务分析与实施

调节器工程设计方法的基本思路是先选择调节器的结构，以确保系统稳定，同时满足所需要的稳态精度。再选择调节器的参数，以满足动态性能指标。

 训练任务 5

双闭环系统的调节器工程设计举例：

某晶闸管供电的双闭环直流调速系统，整流装置采用三相桥式电路，基本数据为直流电动机：220 V、130 A、1500 r/min，$C_e=0.132 \mathrm{V} \cdot (\mathrm{r/min})^{-1}$，允许过载倍数 λ=1.5。

晶闸管装置放大系数：$K_s=40$。

电枢回路总电阻：$R=0.5\,\Omega$。

时间常数：$T_1=0.03$ s，$T_m=0.18$ s。

电流反馈系数：$\beta=0.062$ V/A

转速反馈系数：$\alpha=0.008 \mathrm{V} \cdot (\mathrm{r/min})^{-1}$

设计要求如下：

稳态指标：无静差。

动态指标：电流超调量 $\sigma_i \leqslant 5\%$；空载起动到额定转速时的转速超调量 $\sigma_n < 10\%$。

分析与实施

1．电流环的设计

1）确定时间常数

（1）整流装置滞后时间常数 T_s：三相桥式电路的平均失控时间 $T_s=0.0017$ s。

（2）电流滤波时间常数 T_{oi}：三相桥式电路每个波头的时间是 3.33 ms，为了基本滤平波头，应有 $(1 \sim 2)T_{oi}=3.33\mathrm{ms}$，因此取 $T_{oi}=2\mathrm{ms}=0.002\mathrm{s}$。

（3）电流环小时间常数 $T_{\Sigma i}$：按小时间常数近似处理，取 $T_{\Sigma i}=T_s+T_{oi}=0.003\,7$ s。

2）选择电流调节器结构

根据设计要求：$\sigma_i \leqslant 5\%$，而且

$$\frac{T_1}{T_{\Sigma i}} = \frac{0.03}{0.0037} = 8.11 < 10$$

因此电流环可按典型 I 型系统设计。电流调节器选用 PI 型，其传递函数为

$$W_{ACR}(s) = K_i \frac{\tau_i s + 1}{\tau_i s}$$

3）选择电流调节器参数

ACR 超前时间常数：$\tau_i=T_1=0.03\mathrm{s}$。

电流环开环增益：要求 $\sigma_i \leqslant 5\%$ 时，应取 $K_I T_{\Sigma i}=0.5$，因此

$$K_I = \frac{0.5}{T_{\Sigma i}} = \frac{0.5}{0.0037} \mathrm{s^{-1}} = 135.11/\mathrm{s^{-1}}$$

于是，ACR 的比例系数为

$$K_i = K_I \frac{\tau_i R}{\beta K_s} = 135.11 \times \frac{0.03 \times 0.5}{0.062 \times 40} = 0.817$$

4）校验近似条件

电流环截止频率

$$\omega_{ci} = K_I = 135.11\,s^{-1}$$

（1）晶闸管装置传递函数近似条件：

$$\omega_{cn} \leqslant \frac{1}{3T_s}$$

现在
$$\frac{1}{3T_s} = \frac{1}{3 \times 0.0017}\,s^{-1} = 196.11\,s^{-1} > \omega_{ci}$$

满足近似条件。

（2）忽略反电动势对电流环影响的条件：

$$\omega_{cn} \leqslant \frac{1}{3}\sqrt{\frac{1}{T_s T_{oi}}}$$

现在

$$3\sqrt{\frac{1}{T_m T_l}} = 3 \times \sqrt{\frac{1}{0.18 \times 0.03}}\,s^{-1} = 40.821\,s^{-1} < \omega_{ci}$$

满足近似条件。

（3）小时间常数近似处理条件

$$\omega_{ci} \leqslant \frac{1}{3}\sqrt{\frac{1}{T_s T_{oi}}}$$

现在

$$\frac{1}{3}\sqrt{\frac{1}{T_s T_{oi}}} = \frac{1}{3} \times \sqrt{\frac{1}{0.0017 \times 0.002}}\,s^{-1} = 180.81\,s^{-1} > \omega_{ci}$$

满足近似条件。

5）计算调节器电阻和电容

电流调节器去 PI 调节器，按所用运算放大器取 R_0=40 kΩ，各电阻和电容值计算如下：

$$R_i = K_i R_o = 1.013 \times 40\,k\Omega = 40.25\,k\Omega，\text{取}\ 40\,k\Omega；$$

$$C_i = \frac{\tau_i}{R_i} = \frac{0.03}{40 \times 10^3} \times 10^6\,\mu F = 0.75\,\mu F，\text{取}\ 0.5\,\mu F；$$

$$C_{oi} = \frac{4T_{oi}}{R_o} = \frac{4 \times 0.002}{40 \times 10^3} \times 10^6\,\mu F = 0.2\,\mu F，\text{取}\ 0.2\,\mu F。$$

按照上述参数，电流环可以达到的动态指标为$\sigma_i\% = 4.3\% < 5\%$，满足设计要求。

2．转速环的设计

1）确定时间常数

（1）电流环等效时间常数为 $2T_{\Sigma i}$=0.007 4 s。

（2）转速滤波时间常数 T_{on}：根据所用测速发电机纹波情况，取 T_{on}=0.01 s。

（3）转速环小时间常数 $T_{\Sigma n}$：按小时间常数近似处理，取 $T_{\Sigma n}=2T_{\Sigma i}+T_{on}$=0.017 4 s。

2）选择转速调节器结构

由于设计要求无静差，转速调节器必须含有积分环节；又根据动态要求，应按典型 II 型系统设计转速环。故 ASR 选用 PI 调节器，其传递函数为

$$W_{ASR}(s) = K_n \frac{\tau_n s + 1}{\tau_n s}$$

3）选择转速调节器参数

按跟随和抗扰性能都较好的原则，取 $h=5$，则 ASR 的超前时间常数为

$$\tau_n = hT_{\Sigma n} = 5 \times 0.0174\,\text{s} = 0.087\,\text{s}$$

转速环开环增益为

$$K_N = \frac{h+1}{2h^2 T_{\Sigma n}^2} = \frac{6}{2 \times 25 \times 0.0174^2}\,\text{s}^{-2} = 396.4\,\text{s}^{-2}$$

于是，ASR 的比例系数为

$$K_n = \frac{(h+1)\beta C_e T_m}{2h\alpha R T_{\Sigma n}} = \frac{6 \times 0.062 \times 0.132 \times 0.18}{2 \times 5 \times 0.008 \times 0.5 \times 0.0174} = 12.7$$

4）校验近似条件

转速环截止频率为

$$\omega_{cn} = \frac{K_N}{\omega_1} = K_N \tau_n = 396.4 \times 0.087\,\text{s}^{-1} = 34.5\,\text{s}^{-1}$$

（1）电流环传递函数简化条件：

$$\omega_{cn} \leqslant \frac{1}{5T_{\Sigma i}}$$

现在

$$\frac{1}{5T_{\Sigma i}} = \frac{1}{5 \times 0.0037}\,\text{s}^{-1} = 54.1\,\text{s}^{-1} > \omega_{cn}$$

满足简化条件。

（2）时间常数近似处理条件

$$\omega_{cn} \leqslant \frac{1}{3}\sqrt{\frac{1}{2T_{\Sigma i}T_{on}}}$$

现在

$$\frac{1}{3}\sqrt{\frac{1}{2T_{\Sigma i}T_{on}}} = \frac{1}{3} \times \sqrt{\frac{1}{2 \times 0.0037 \times 0.01}} = 38.75 > \omega_{cn}$$

满足近似条件。

5）计算调节器电阻和电容

转速调节器选 PI 调节器，取 $R_0 = 40\,\text{k}\Omega$，则

$$R_n = K_n R_0 = 12.7 \times 40\,\text{k}\Omega = 508\,\text{k}\Omega，\text{取}500\,\text{k}\Omega。$$

$$C_n = \frac{\tau_n}{R_n} = \frac{0.087}{500 \times 10^3} \times 10^6\,\mu\text{F} = 0.174\,\mu\text{F}，\text{取}0.2\,\mu\text{F}。$$

$$C_{on} = \frac{4T_{on}}{R_0} = \frac{4 \times 0.01}{40 \times 10^3} \times 10^6\,\mu\text{F} = 1\,\mu\text{F}，\text{取}1\,\mu\text{F}。$$

6）校核转速超调量

$$\delta_n = \left(\frac{\Delta C_{max}}{C_b}\right) \cdot 2(\lambda - z) \cdot \frac{\Delta n_{nom}}{n^*} \cdot \frac{T_{\Sigma n}}{T_m}$$

当 $h=5$ 时

$$\frac{\Delta C_{max}}{C_b} = 81.2\%$$

而

$$\Delta n_{nom} = \frac{I_{dnom}R}{C_e} = \frac{130 \times 0.5}{0.132}\,\text{r}/\text{min} = 492.5\,\text{r}/\text{min}$$

因此

$$\sigma_n = 81.2\% \times 2 \times 1.5 \times \frac{492.5}{1500} \times \frac{0.0174}{0.18} = 7.73\% < 10\%$$

可见，能满足设计要求。每个环本身都是稳定的，对系统的组成和调试工作非常有利。

总之，设计多环控制系统的一般原则：从内环开始，一环一环地逐步向外扩展，以稳为主，稳中求快。在这里，先从电流环入手，首先设计好电流调节器，然后把整个电流环看作是转速调节系统中的一个环节，再设计转速调节器。电流的闭环控制改造了控制对象，加快了电流的跟随作用，这是局部闭环（内环）控制的一个重要功能。

小　　结

（1）不同的生产机械对自动控制系统有不同的转速控制的要求，归纳起来主要有调速、稳速、加减速三个方面，为了进行定量的分析，可以针对调速和稳速要求定义两个调速指标，叫作"调速范围"和"静差率"。两项合称调速系统的稳态性能指标。调速范围和静差率这两项指标并不是彼此孤立的，必须同时提才有意义。

（2）开环系统能够实现平滑无级调速，但其机械特性比较软，稳速能力差。当生产机械对稳速性能没有什么要求，开环系统可满足一定范围内的平滑调速的要求。但是，许多生产机械除需要无级调速，常常还有对静差率的要求。在这种情况下，开环调速系统是不能满足要求的，这正是开环系统存在的问题。

（3）转速负反馈单闭环调速系统用转速偏差信号进行调速，从而产生自动纠正转速偏差的作用，使转速偏差大大减少。闭环调速系统的静特性表示闭环系统电动机转速与负载电流（或转矩）间的稳态关系。闭环系统可以获得比开环系统硬得多的稳态特性，从而保证在一定 s 的要求下，能够提高 D，为此所需付出的代价是须增设检测与反馈装置和电压放大器。

（4）为了使调速系统得到接近理想的起动过程，在系统中设置两个调节器，转速调节器调节转速，电流调节器调节电流，两者实行串级连接，构成了转速、电流双闭环调速系统。了保证系统响应的快速性和保护系统的装置，转速调节器和电流调节器均采用 PI 调节器。

（5）电流调节器的设计分为电流环结构图的简化和电流调节器结构的选择。从稳态要求上看，希望电流无静差，以得到理想的堵转特性，采用 I 型系统就够了。从动态要求上看，实际系统不允许电枢电流在突加控制作用时有太大的超调，以保证电流在动态过程中不超过允许值，而对电网电压波动的及时抗扰作用只是次要的因素，为此，电流环应以跟随性能为主，应选用典型 I 型系统。电流环的控制对象是双惯性型的，要校正成典型 I 型系统，显然应采用 PI 型的电流调节器。

（6）转速调节器结构的选择，为了实现转速无静差，在负载扰动作用点前面必须有一个积分环节，它应该包含在转速调节器 ASR 中，现在在扰动作用点后面已经有了一个积分环节，因此转速环开环传递函数有两个积分环节，所以应该设计成典型 II 型系统，这样的系统同时也能满足动态抗扰性能好的要求，这样 ASR 也应该采用 PI 调节器。转速调节器参数的选择，按照典型 II 型系统的参数关系与性能指标的关系选择转速调节器参数。

（7）按照上述工程设计方法设计双闭环调速控制系统，常常是外环的响应比内环慢，这样做，虽然不利于快速地发挥性能，但每个控制环本身都是稳定的，对系统的组成和调试工作非常有利。

思考与练习

7-1 什么是调速范围、静差率？它们之间有什么关系？怎样才能扩大调速范围？

7-2 转速单闭环系统有哪些基本特征？改变给定电压能否改变电动机的转速？

7-3 当 PI 调节器械输入电压信号为零时，它的输出电压是否为零？为什么？

7-4 有静差系统与无静差系统各有什么特点？

7-5 在直流调速系统中，若希望快速起动，采用怎样的线路？若希望平稳起动，则又采用怎样的线路？

7-6 在转速负反馈调速系统中，当电网电压、负载转矩、电动机励磁电流、电枢电阻、测速发电机励磁各量发生变化时，都会引起转速的变化，问系统对上述各量有无调节能力？为什么？

7-7 有一个 V-M 调速系统采用转速负反馈组成闭环系统，已知数据如下：电动机额定数据为 10 kW、220 V、55 A、1 000 r/min，电枢电阻 R_a=0.5，C_e=0.192 5V · (r/min)$^{-1}$。晶闸管装置：三相桥式可控整流电路，整流变压器Ｙ－Ｙ联结，二次线电压 U_{21}=230 V，触发整流环节的放大系数 K_s=44。V-M 系统主电路总电阻 R=1.0 Ω，系统运动部分的飞轮惯量 GD^2=10。生产机械要求调速范围 D=10，静差率 $s \leqslant 5\%$。

（1）为满足稳态性能指标的要求，闭环系统的开环放大倍数 K 应为多少？

（2）为保证系统稳定，闭环系统的开环放大倍数 K 应为多少？

（3）采用比例放大器的闭环直流调速系统在稳态精度和动态稳定性之间常常是互相矛盾的，如何解决该矛盾？

附录 A　常见的无源及有源校正网络

表 A.1　无源校正网络

电路图	传递函数	对数幅频特性（分段直线表示）
	$G(s) = \alpha \dfrac{Ts+1}{\alpha Ts+1}$ $T = R_1 C \qquad \alpha = \dfrac{R_2}{R_1+R_2}$	$L(\omega)/\text{dB}$，转折频率 $1/T$、$1/(\alpha T)$，[20]
	$G(s) = \alpha_1 \dfrac{Ts+1}{\alpha_2 Ts+1}$ $\alpha_1 = \dfrac{R_2}{R_1+R_2+R_3} \qquad T = R_1 C$ $\alpha_2 = \dfrac{R_2+R_3}{R_1+R_2+R_3}$	$L(\omega)/\text{dB}$，转折频率 $1/T$、$1/(\alpha T)$，[20]
	$G(s) = \dfrac{\alpha Ts+1}{Ts+1}$ $T = (R_1+R_2)C \qquad \alpha = \dfrac{R_2}{R_1+R_2}$	$L(\omega)/\text{dB}$，转折频率 $1/T$、$1/(\alpha T)$，[20]
	$G(s) = \alpha \dfrac{\tau s+1}{Ts+1}$ $T = \left(R_2 + \dfrac{R_1 R_3}{R_1+R_3}\right)C$ $\tau = R_2 C \qquad \alpha = R_3/(R_1+R_3)$	$L(\omega)/\text{dB}$，转折频率 $1/T$、$1/\tau$，$20\lg\alpha$，[-20]
	$G(s) = \dfrac{T_1 T_2 s^2 + (T_1+T_2)s+1}{T_1 T_2 s^2 + (T_1+T_2+T_{1,2})s+1}$ $T_1 = R_1 C_1 \qquad T_2 = R_2 C_2$ $T_{1,2} = R_1 C_2$	$L(\omega)/\text{dB}$，转折频率 $1/T_1$、$1/T_2$，[-20]，[20]，$20\lg\dfrac{T_1+T_2}{T_1+T_2+T_{1,2}}$
	$G(s) = \dfrac{(T_1 s+)(T_2 s+1)}{T_1(T_2+T_{3,2})s^2 + (T_1+T_2+T_{1,2}+T_{3,2})s+1}$ $T_1 = R_1 C_1 \qquad T_2 = R_2 C_2$ $T_{1,2} = R_1 C_2 \qquad T_{3,2} = R_3 C_2$	$L(\omega)/\text{dB}$，转折频率 $1/T_0$、$1/T_1$、$1/T_2$、$1/T_3$，[-20]，$20\lg K_\infty$，[20]，$K_\infty = \dfrac{R_2}{R_2+R_1}$

表 A.2 由运算放大器组成的有源校正网络

电路图	传递函数	对数幅频特性（分段直线表示）
	$$G(s) = -\dfrac{K}{Ts+1}$$ $$T=R_2C \quad K=\dfrac{R_2}{R_1}$$	
	$$G(s) = -\dfrac{(\tau_1 s+1)(\tau_2 s+1)}{Ts}$$ $$\tau_1=R_1C_1 \quad \tau_2=R_2C_2$$ $$T=R_1C_2$$	
	$$G(s) = -\dfrac{\tau s+1}{Ts}$$ $$\tau=\dfrac{R_2R_3}{R_2+R_3}C \quad T=\dfrac{R_1R_3}{R_2+R_3}C$$	
	$$G(s) = -K(\tau s+1)$$ $$\tau=\dfrac{R_2R_3}{R_2+R_3}C$$ $$K=\dfrac{R_2+R_3}{R_1}$$	
	$$G(s) = -\dfrac{K(\tau s+1)}{Ts+1}$$ $$K=\dfrac{R_2+R_3}{R_1} \quad T=R_4C$$ $$\tau=\left(\dfrac{R_2R_3}{R_2+R_3}+R_2\right)C$$	
	$$G(s) = -\dfrac{K(\tau_1+s)(\tau_2 s+1)}{(T_1+s)(T_2 s+1)}$$ $$K=\dfrac{R_4+R_5}{R_1+R_2}$$ $$\tau_1=\dfrac{R_4+R_5}{R_1+R_2}C_1 \quad \tau_2=R_2C_2$$ $$T_1=R_5C_1 \quad T_2=\dfrac{R_1R_2}{R_1+R_2}C_2$$	

附录 B 拉普拉斯变换基本性质及常用变换表

表 B.1 拉普拉斯变换的基本性质

1	线性定理	齐次性	$L[af(t)] = aF(s)$
		叠加性	$L[f_1(t) \pm f_2(t)] = F_1(s) \pm F_2(s)$
2	微分定理	一般形式	$L[\dfrac{\mathrm{d}f(t)}{\mathrm{d}t}] = sF(s) - f(0)$ $L[\dfrac{\mathrm{d}^2 f(t)}{\mathrm{d}t^2}] = s^2 F(s) - sf(0) - f'(0)$ $\vdots$ $L[\dfrac{\mathrm{d}^n f(t)}{\mathrm{d}t^n}] = s^n F(s) - \sum_{k=1}^{n} s^{n-k} f^{(k-1)}(0)$ $f^{(k-1)}(t) = \dfrac{\mathrm{d}^{k-1} f(t)}{\mathrm{d}t^{k-1}}$
		初始条件为 0 时	$L\left[\dfrac{\mathrm{d}^n f(t)}{\mathrm{d}t^n}\right] = s^n F(s)$
3	积分定理	一般形式	$L[\int f(t)\mathrm{d}t] = \dfrac{F(s)}{s} + \dfrac{[\int f(t)\mathrm{d}t]_{t=0}}{s}$ $L[\iint f(t)(\mathrm{d}t)^2] = \dfrac{F(s)}{s^2} + \dfrac{[\int f(t)\mathrm{d}t]_{t=0}}{s^2} + \dfrac{[\iint f(t)(\mathrm{d}t)^2]_{t=0}}{s}$ $\vdots$ $L[\overbrace{\int \cdots \int}^{\text{共 }n\text{ 个}} f(t)(\mathrm{d}t)^n] = \dfrac{F(s)}{s^n} + \sum_{k=1}^{n} \dfrac{1}{s^{n-k+1}} [\overbrace{\int \cdots \int}^{\text{共 }n\text{ 个}} f(t)(\mathrm{d}t)^n]_{t=0}$
		初始条件为 0 时	$L[\overbrace{\int \cdots \int}^{\text{共 }n\text{ 个}} f(t)(\mathrm{d}t)^n] = \dfrac{F(s)}{s^n}$
4	延迟定理（或称 t 域平移定理）		$L[f(t-T)\mathbf{1}(t-T)] = \mathrm{e}^{-Ts} F(s)$
5	衰减定理（或称 s 域平移定理）		$L[f(t)\mathrm{e}^{-at}] = F(s+a)$
6	终值定理		$\lim_{t \to \infty} f(t) = \lim_{s \to 0} sF(s)$
7	初值定理		$\lim_{t \to 0} f(t) = \lim_{s \to \infty} sF(s)$
8	卷积定理		$L[\int_0^t f_1(t-\tau) f_2(\tau)\mathrm{d}\tau] = L[\int_0^t f_1(t) f_2(t-\tau)\mathrm{d}\tau] = F_1(s) F_2(s)$

表 B.2　常用函数的拉普拉斯变换表

序　号	时间函数 $e(t)$	拉普拉斯变换 $E(s)$
1	$\delta(t)$	1
2	$\delta_T(t) = \sum\limits_{n=0}^{\infty} \delta(t - nT)$	$\dfrac{1}{1 - \mathrm{e}^{-Ts}}$
3	1	$\dfrac{1}{s}$
4	t	$\dfrac{1}{s^2}$
5	$\dfrac{t^2}{2}$	$\dfrac{1}{s^3}$
6	$\dfrac{t^n}{n!}$	$\dfrac{1}{s^{n+1}}$
7	e^{-at}	$\dfrac{1}{s+a}$
8	$t\mathrm{e}^{-at}$	$\dfrac{1}{(s+a)^2}$
9	$1 - \mathrm{e}^{-at}$	$\dfrac{a}{s(s+a)}$
10	$\mathrm{e}^{-at} - \mathrm{e}^{-bt}$	$\dfrac{b-a}{(s+a)(s+b)}$
11	$\sin \omega t$	$\dfrac{\omega}{s^2 + \omega^2}$
12	$\cos \omega t$	$\dfrac{s}{s^2 + \omega^2}$
13	$\mathrm{e}^{-at} \sin \omega t$	$\dfrac{\omega}{(s+a)^2 + \omega^2}$
14	$\mathrm{e}^{-at} \cos \omega t$	$\dfrac{s+a}{(s+a)^2 + \omega^2}$
15	$a^{t/T}$	$\dfrac{1}{s - (1/T)\ln a}$

参 考 文 献

[1] 徐梅.自动控制原理分析与应用 [M].合肥：中国科学技术大学出版社，2012.

[2] 黄坚.自动控制原理及其应用 [M].北京：高等教育出版社，2009.

[3] 孙荣林.自动控制原理 [M].上海：上海交通大学出版社，2001.

[4] 郑大钟.线性系统理论 [M].北京：清华大学出版社，1990.

[5] 唐向宏，岳恒立，郑雪峰.MATLAB 及在电子信息类课程中的应用 [M].北京：电子工业出版社，2006.

[6] 韩全立.自动控制原理与应用 [M].西安：西安电子科技大学出版社，2006.

[7] 谢克明.自动控制原理 [M].2 版.北京：电子工业出版社，2009.

[8] 胡寿松.自动控制原理 [M].6 版.北京：科学出版社，2013.

[9] 孙亮.MATLAB 语言与控制系统仿真 [M].修订版.北京：北京工业大学出版社，2004.

[10] 涂植英，陈今润.自动控制原理 [M].重庆：重庆大学出版社，2005.

[11] 滕青芳，范多旺，董海鹰，等.自动控制原理 [M].北京：人民邮电出版社，2008.

[12] Ogata K.现代控制工程 [M].北京：电子工业出版社，2003.

[13] 陈杰.MATLAB 宝典 [M].北京：电子工业出版社，2007.

[14] 固高科技有限公司.倒立摆与自动控制原理实验，2005.

[15] 固高科技有限公司.直线倒立摆安装与使用手册 R1.0，2005.

[16] 孔凡才.自动控制原理与系统 [M].3 版.北京：机械工业出版社，2012.

[17] 陈伯时.电力拖动自动控制系统 [M].修订版.北京：中央电视大学出版社，1999.

[18] 刘松.电力拖动自动控制系统 [M].北京：清华大学出版社，2006.

[19] 王艳红.自动控制原理 [M].北京：高等教育出版社，2008.

[20] 王诗军.自动控制原理与系统 [M].北京：中国电力出版社，2010.